女性特色教育系列丛书
NÜXING TESE JIAOYU XILIE CONGSHU

女性安全防范与危机处理

NÜXING ANQUAN FANGFAN YU WEIJI CHULI

李　佳　董海鹰◎主　编

黄士良　李　志　李　静◎副主编

编　者

梁肖肖　梁文惠

王丽豪　崔冰蕊

东北师范大学出版社
NORTHEAST NORMAL UNIVERSITY PRESS

长　春

图书在版编目（CIP）数据

女性安全防范与危机处理 / 李佳，董海鹰主编. —
长春：东北师范大学出版社，2022.1
ISBN 978-7-5681-8599-8

Ⅰ.①女… Ⅱ.①李… ②董… Ⅲ.①女性－安全教
育－高等学校－教材 Ⅳ.①X956

中国版本图书馆 CIP 数据核字（2022）第 012507 号

□责任编辑：孟宪威　□封面设计：迟兴成
□责任校对：石　斌　□责任印制：许　冰

东北师范大学出版社出版发行
长春净月经济开发区金宝街 118 号（邮政编码：130117）
电话：0431-84568023
网址：http：// www.nenup.com
东北师范大学音像出版社制版
河北亿源印刷有限公司印装
石家庄市栾城区霍家屯裕翔街 165 号未来科技城 3 区 9 号 B
（电话：0311－85978120）
2022 年 1 月第 1 版　2022 年 1 月第 1 次印刷
幅面尺寸：170mm×240mm　印张：12.25　字数：227 千

定价：38.00 元

前　言

女性安全是女性学习、生活、工作、成长和发展的根本保证。女性因其身心特征和社会文化观念的影响，在社会交往、工作应酬、学习交流、情感沟通等方面有着特别的表现形式，可能会遭遇更多的安全侵害。据调查，女性普遍缺乏必要的安全防范意识，缺乏良好的安全行为习惯，缺乏有效的安全保障知识，缺乏辨别潜在危险的能力，缺乏情绪管理的能力，等等。因此，女性在风险预判、防范手段、危机管理和维权策略等方面有着强烈的安全需求。

《女性安全防范与危机处理》紧密结合女性生活、工作、学习及交友实际，从保障女性人身、财产、网络生活、婚恋情感、心理与校园生活安全多维度入手，对女性进行系统、规范、专业、有效的安全教育，形成纵向与横向相交融的网格化安全指导，帮助女性培养正确和敏锐的安全防范意识，使其掌握必要的安全防范知识与技能，获得积极确定的安全体验，强化安全防范与危机处理的素质与能力。

本书由李佳教授、董海鹰教授提出编写提纲，李佳教授、黄士良副教授、李静老师统稿，李佳教授、李志教授进行二审，李佳教授、董海鹰教授进行终审并定稿。全书共分为六章，具体编写体系及写作分工为：第一章　女性人身安全防范与危机处理（李佳　李志）；第二章　女性财产安全防范与危机处理（黄士良）；第三章　女性网络生活安全防范与危机处理（王丽豪　崔冰蕊）；第四章　女性婚恋情感安全防范与危机处理（梁文惠）；第五章　女性心理安全防范与危机处理（李静）；第六章　女学生校园生活安全防范与危机处理（梁肖肖）。

本书在撰写的过程中参阅和借鉴了许多国内专家、学者的相关研究成果和书籍，我们在此表示衷心感谢！由于编者教学科研水平及经验有限，本书仍然存在许多不妥之处，谨请各位专家、学者不吝赐教，以便我们在今后的教育教学研究和实践中不断地充实和完善。

编　者

2021 年 8 月

目　　录

第一章　女性人身安全防范与危机处理

人身安全是人类的基本生存需求。人身安全不仅直接关系着女性的切身利益，还时刻牵动着家庭、社会的敏感神经。因此，了解身边存在的人身安全隐患，掌握必要的人身安全防范与危机处理知识，切实做好人身安全保障工作是女性学习、生活、工作、成长和发展的根本保证。

第一节　女性遭受人身侵害的典型案例

当前威胁女性人身安全的因素日益增多，女性人身安全遭受侵害的事件时有发生。面对现实生活中的侵害案例，我们除了要对侵害者加以谴责，对受害者表示同情之外，还需要积极思考，冷静分析，及时汲取经验教训，切实加强安全防范。

一、车窗里的罪恶

近年来，随着参与社会生活日益广泛和生活节奏不断加快，女性出行时越来越多地选择自己驾车或搭乘出租车、网约车等方便快捷的交通方式。但是，在我们身边，单身女司机遇袭遇害，网约车司机骚扰、性侵、劫杀女乘客等恶性安全事件频发，这引发了社会的强烈关注，敲响了女性乘车出行安全问题的警钟。

（一）女性单独驾车遇险遇害

【案情回放：多地女性单独驾车遇险遇害】

上海的孙女士购物后准备开车回家时，3名男子突然拉开车门窜上她的车，抢走4万元现金，并将孙女士灌了安眠药后弃车逃跑。

郑州的徐女士驾车出行时被一辆面包车追尾，下车查看时，对方车上突然下来5名大汉将她掳走，绑匪向徐女士男友发短信索要50万元。绑匪落网后交代，他们专门找单身女司机下手，打算拿钱后就撕票。

扬州的何女士把车停在超市门口等人，低头玩手机时2名陌生男子突然从侧面上车，卡住她的脖子，抢走2700元现金及2部手机。

重庆的吴女士在南岸区万达广场停车场取车时，被5名歹徒劫持。歹徒将吴女士带到涪陵区新妙镇、巴南区麻柳嘴等地，最后将其杀害。

（二）女性单独乘车遇险遇害

【案情回放： 郑州21岁空姐搭乘滴滴顺风车遇害】

2018年5月5日晚上11时55分，不满21岁的空姐李某从河南省郑州航空港驻勤酒店搭乘滴滴顺风车至郑州站，打算乘坐凌晨1点多的火车连夜回山东济南老家，参加亲戚的婚礼。途中，临近12点，李某给其同事发微信说司机行为有些变态，"说我长得特别美，特别想亲我一口"。其同事回复说不要搭理他，建议她和自己通话。不久后，这名同事给李某打电话，李某一直在电话那头重复"没事没事"，随后挂断，同事再次拨打已无人接听，直至7日下午李某一直处于失联状态。8日早上8时许，李某的尸体在一个土坡上被发现，其颈部两条动脉断裂，胸前、心脏、肺部都有致命伤，全身被刺二三十刀，下半身赤裸，经鉴定其生前被性侵。经审查，确认被司机刘某杀害。

【评析】

以上案情向我们呈现了女性单独出行或乘车时不幸遭遇侵害的事件。加害者的违法犯罪行为必然会受到法律的制裁。作为女性，我们更需要从案件中得到教训和启发。如果上海的孙女士开车时能够及时锁上车门，如果扬州的何女士停车等人时没有光顾着低头玩手机，如果重庆的吴女士在地下停车场取车时能够提前做好安全防范，如果在搭乘滴滴顺风车时那些不幸遭遇侵害的女乘客能够及时识别潜在危险，以上这些不幸是否可以避免？面对车窗内可能会发生的危机，每一位女性都必须牢牢把握风险防范这根安全防线，熟练掌握危机应对步骤及技巧，避免侵害发生。

二、独居时的风险

当女性独居成为普遍的社会现象时，女性面临风险的概率越来越高，保护自身安全成为每一位独居女性的必修课。那些电视上演的、网上说的、朋友口中谈论的各种各样女性独居时所遭遇的入室伤害，不仅仅是发生在别人身上的意外，一旦不小心，你也可能会遭遇风险和不幸。"所有还没有被伤害的女孩子，都可以被称为'幸存者'。"（知乎）

【案情回放： 上海独居女子被快递员谎骗情人节送花， 遭入室性侵】

2018年2月15日凌晨2时许，独自居住在上海黄浦区某小区的汪女士接到快递员张某的信息，声称有客户委托其上门送花。当她带着好奇和疑问打开门时，张某强行冲进屋里，将其拖至睡房中，强行与她发生了性关系。原来，张某在1月份接了一单业务送货到该小区，上门后看见下单的是一个漂亮女孩，而且是一个人居住，他便起了色心，特意将汪女士的手机号和地址都保存起来。2月14日"情人节"那天，张某看着别人出双入对，而自己独自一人，心情很是烦闷。看手机时，他无意中翻到了汪女士的信息，便起了邪念。当天下午，张某拨打了汪女士的电话，谎称有客户委托自己给她送花。汪女士信以为真，但称要晚上11点半才能到家，无奈之际，张某只好约了第二天再联系。到了2月15日凌晨，不死心的张某再次给汪女士发了一条短信问她是否在家，没想到汪女士竟然回复了他，还说可以去送花。丝毫没有防备之心的汪女士像往常一样为快递员开了门，给了张某强行闯入房间的机会，暴力之下遭到了性侵。

【评析】

以上案情向我们呈现了女性独居时不幸遭遇侵害的事件。网购送货、外卖到家、物业维修、保安巡查、朋友来访，生活中每一个看似再普通不过的瞬间对独居女性来说都可能深藏危机，这就需要我们提前做好安全预判，精心武装每一个细节，谨慎做好每一步防范，巧妙应对每一处风险。在安全问题上，一个疏忽，一次轻信，都可能带来致命的伤害！

三、醉酒后的危机

现代女性参与社会交往日益广泛，日常聚会、娱乐休闲、工作应酬，免不了喝上几杯助助兴，这样既能活跃气氛，又能拉近距离，增进沟通。但是，女性在社交场合饮酒，除了要遵守社交礼仪，还要注意饮酒后的人身安全问题。

【案情回放：　阜阳女孩应聘陪男上司吃饭，被灌醉遭性侵】

阜阳市的小丽看到招聘广告后前去应聘，应聘的过程非常顺利。负责招聘的经理高某表示对小丽很欣赏，还和她是老乡，提出晚上一起吃个饭，正好给她介绍一些朋友。小丽不好拒绝，于是跟着高某一起来到某饭店，她在饭桌上结识了几个高某的朋友。在几人的劝说下，小丽最终喝醉，并不省人事。等到小丽酒醒时，她发现自己赤身裸体地躺在宾馆的房间里。原来高某趁小丽喝醉，带着她开了房，并强行与她发生了性关系。小丽非常生气，要去报警。高某先是哄骗小丽说对她一见钟情，非常喜欢她。见小丽态度坚决，高某又恐吓她说即便报了警，警察也不会相信她，哪家的好女孩大晚上跟着刚认识的男人出来喝酒开房，发生性行为是你情我愿的事儿，很难证明是强迫的，还不如以后跟着他，公司里也好有个照顾。小丽又气又羞又后悔，不知该怎么办。

【评析】

以上案情向我们呈现了女性参加社会交往、工作应酬、休闲娱乐时因醉酒而不幸遭遇侵害的事件。该案例向我们发出警告：女性如果在外面喝多了、喝醉了，会面临很大危险！在社会交往中，无论是否出于自愿而饮酒，我们都要确保自身喝酒不失态，娱乐不失品，酒后不失防。理性选择酒局，做好自我预防，智慧面对端杯，时刻保持清醒和谨慎，切莫让自己因喝酒而失去安全防范的基本意识和能力。

四、独行时的暗袭

近年来，女性单独出行遭遇人身侵害的案件频频发生。黑幕之下的独行恐惧，封闭空间里的孤助窘迫，陌生环境中的无望求助……透过这些遭遇危险的女性的经历，我们愈加感受到根植于每个人，尤其是女性，内心的安全恐慌。

（一）女性单独晚归电梯内遇袭

【案情回放： 福建大排档老板娘凌晨电梯间被劫杀】

2020年5月27日凌晨，福建省晋江市一名经营大排档生意的31岁女子乘坐电梯回家时惨遭歹徒抢劫和杀害。小区监控显示，这位女士在等电梯时后面站着一名穿黑背心的年轻男子，她走进电梯后按下5楼键，这时那名黑衣男子也跟着进了电梯，随即掏出一样东西，女士看到后立即蹲了下来。当电梯到达五楼时，男子便将女子拽出电梯，拽到了通往六楼的楼梯口，并将其杀害。男子抢走了她的手机和手表，将其勒死后把尸体用布包裹着拖到地下室，并用电瓶车拉出小区。据知情人说，有人认出凶手曾在那个小区当过保安，他对小区的情况比较熟悉。

（二）女性单独夜跑遇害

【案情回放： 四川乐山女子夜跑被害】

2017年12月14日，四川乐山一名女性王某在傍晚外出跑步时偶遇李某。王某手戴金镯，李某见财起意，抢劫后将王某杀害。王某生前与歹徒进行了一番搏斗，最终还是没能躲过此劫。

（三）女性单独出游遇险

【案情回放： 四川女大学生独自赴青海旅游失联】

2020年7月26日，到青海旅游的四川籍女大学生黄某已经与家人失联19天了。黄某在南京念大学，5日搭乘从南京到青海格尔木的火车。家属称其在格尔木市租了一辆出租车单人进入可可西里。警方已将其列为失踪人口进行调查。

（四）女性单独入住宾馆遭受侵犯

【案情回放： 某男子夜半赤身闯入顾客房间】

2021年7月30日晚，化女士在上海浦东新区三林镇某酒店入住。31日凌晨3时9分，正在与客户沟通工作的她突然发现房间内的床尾边站着一个陌生男子，该男子只穿了一条红色内裤，随后男子脱掉内裤并露出下体隐私部位。男子称"门开着就明摆着让别人进来"，并对化女士进行言语辱骂。化女士大声呼叫，该男子可能受到了惊吓，随后便退出房间离去。化女士前往酒店前台向工作人员讲述自己的遭遇并选择报警。上海警方依法对该男子给予行政拘留5日的处罚。2021年8月5日，化女士通过自己的微博平台发布视频，向社会公众讲述整个事件，并称将通过法律途径对此事追究到底。2021年8月6日，该酒店在微博上发出致歉声明。此事件再次引发社会公众对女性单独入住宾馆安全问题的极大关注和讨论。

【评析】

以上案情向我们呈现了女性单独出行时不幸遭遇侵害的事件。单独晚归电梯内遇袭，单独夜跑时遇害，单独出游时遇险，单独住宾馆时遭侵犯……这些女性独行时遭遇人身侵害的事件越来越强烈地波扰着我们的神经，冲击着公众心理安全底线。不要认为这是什么"小概率"的偶发事件，也不要认为自己不会遇到意外，如果缺乏普遍的、惠及每一个个体的严密的安全防范，人人都有可能遭遇不测。

五、盲目下的侵犯

盲目交友，盲目施爱，盲目信任，盲目之下，有多少不确定的因素，抑或带来多少被侵犯的风险？那个时时出现在电脑和手机屏幕上的"他"，那个看似一直关爱、理解、呵护、懂自己的"知己""亲爱的""老公"，那个在舞台上灯光下万众瞩目、温柔多情的"欧巴"，他们到底是期待的爱情的对象，还是隐藏的黑手？

（一）女性单独约见网友、相亲对象被侵犯

【案情回放： 海南网络征婚女士遭对方欺骗被性侵】

2020年8月，钟女士通过某婚恋交友App结识了一位自称在央企工作、收入较高且父母都有稳定工作的"王先生"。此后，二人经常通过聊天软件和微信联系。在此过程中，"王先生"多次提出与钟女士正式交往并确定男女朋友关系，但被钟女士以双方认识不久、了解不深为由予以拒绝。

2020年11月的一天，"王先生"第一次约钟女士出来见面吃夜宵，并在此之后驾车带着钟女士来到海口市国际会展中心附近路段。"王先生"在车上

企图与钟女士发生性关系，但被钟女士拒绝。同年 12 月 7 日零时 10 分许，"王先生"再次约钟女士出来见面，两人边开车边聊天。凌晨 2 时许，"王先生"把车停在一条偏僻无人的小路上，从汽车后备箱拿出一把砍刀，以此威胁钟女士与其发生性关系。2020 年 12 月 8 日 12 时许，钟女士来到公安机关报案。同日 21 时许，这位"王先生"在海口市龙华区一个公寓停车场附近被抓获归案。据调查，这位"王先生"本名叫吴某某，为获取钟女士的好感，他隐瞒了自己已婚的事实，并编造了工作及家庭背景等信息。

（二）女性单独约见分手期恋人遭遇"不安全分手"
【案情回放： 烟台女孩约见分手男友被拍裸照】

烟台女孩小夏通过网络交友软件"陌陌"认识了男友胡某。在交往了两个月后，小夏感觉不太适合，于是提出分手，然而胡某不同意，并约小夏出来谈谈。两个人见面后，谈着谈着就吵了起来。胡某见小夏铁了心要分手，索性抢走了小夏的手机，想以此来留住小夏。后来，胡某多次劝小夏，说只要不分手，就把手机还给她。小夏觉得胡某如此幼稚，更是坚决不愿意复合。一天，小夏再次打电话向胡某索要手机，胡某便约小夏到某快捷酒店见面。小夏到达酒店后，胡某提出两人最后发生一次性关系就和小夏分手，并且以后再也不会联系小夏。小夏为了摆脱胡某的骚扰，便同意了。没想到，胡某抓住这次机会，拍下了小夏的裸照，并以此威胁小夏不要分手，还放话说如果小夏不同意，就将她的裸照发给她的亲戚、朋友。小夏被逼得走投无路，拨打 110 报了警。

【评析】

以上案情向我们呈现了女性在两性交往中因盲目相信对方、盲目见面而不幸遭遇侵害的事件。面对"新欢"或"旧爱"，原来一切并不是我们想象中的那么浪漫或多情。网上的"白马王子"可能会在黑暗的角落中突然变成捅向你的"刀"，曾经的"亲密爱人"也可能会在最后的晚餐时突然变成毒害你的"苹果"。因此，女性面对复杂的生活和人性，只有擦亮眼睛，时刻保持理智在线，才能及时辨别、抵制身边的诱惑和危险，冷静清醒地躲开陷阱和伤害。

六、职场里的滋扰

近年来，女性在日常生活、求学、职场中遭遇性骚扰的事件愈发频繁地出现在公众视野中，尤其是"职场性骚扰"使受害女性长期处于羞愤、隐忍、压抑的工作和学习环境之中，她们承受着巨大的心理压力和精神折磨。职场里的滋扰就像一张无边的黑网，遮住了生活和心灵中原本的光明和美好，给女性带来了极大的痛苦和困扰。

【案情回放：　职场女销售员无奈无助咽下被滋扰的苦酒】

24 岁的王女士在一家单位做销售。由于工作需要，销售总监经常安排她去陪客户吃饭。销售总监常常在酒桌上夸她形象好、气质佳，让她给客户倒酒、敬酒，甚至还当场用开玩笑的口吻要求她和男客户喝交杯酒，或坐在男客户的大腿上敬酒，王女士感到非常难堪。销售总监经常对她动手动脚，王女士能躲就躲，实在躲不过去也常常会被他搂肩、摸手、摸腿、掐腰甚至触摸臀部。王女士感觉很恶心，甚至嫌弃自己，但是迫于工作和业绩需要，也只能硬着头皮周旋应酬。

【评析】

以上案情向我们呈现了女性在社会生活中不幸遭遇性骚扰的事件。性骚扰已经成为一个严重的社会问题，也是我们无法回避的沉重话题，尤其是"职场性骚扰"，其似乎成为女性在社会打拼、职场发展过程中不得不面对的"潜规则"。为了共同制止性骚扰的侵害，我们需要更加客观地分析性骚扰的丑恶现象，揭露和抨击性骚扰者的卑鄙行径，强化女性自身的性骚扰防范和应对能力。

七、亲密关系中的暴力

亲密关系中的暴力从来不只是影视剧中的桥段，也不只是别人茶余饭后的谈资，它可能就藏在我们每个人的生活中。它有着千百张面孔，外人可能只看到亲密关系的表面美好，却看不到隐藏于背后的暴力伤害。

【案情回放："隐痛"　之下的"关爱"　与"伤害"　】

浙江的小娟四年前与男友同居。男友长得不错，工作好收入高，比较符合小娟的择偶标准。在小娟的眼中，男友很关心她，也很舍得为她花钱，就是有点儿大男子主义。男友对小娟"看"得比较严，平时不太愿意让她跟其他异性来往。如果有男同事、上司或客户打电话给小娟，男友会很反感，会让她尽快挂掉，并且检查她的手机。如果公司有加班或聚会，男友会要求小娟提前报备有哪些男同事参加，还会不时通过"要求小娟发个定位""让旁边的女同事接个电话"，或者"在 3 分钟内回我微信"等方式来查岗。小娟如果没有按时回复，男友就会情绪激动，不高兴。这两年谈及结婚买房，两人一直对在哪儿买房、该如何买房意见不合，甚至有时还出现激烈争吵。吵架后，男友一般都采取回避的态度，下班后尽量晚回家，回到家也不说话，待在客房里上网，甚至对小娟生病也不闻不问。在这种情况下，往往都是小娟主动找男友沟通，给对方一个台阶下。另外，随着职务的提升，小娟在外的应酬也逐渐多了，她有时回家较晚。此时男友经常对小娟冷嘲热讽，指责她穿得少想勾引人，搏业绩求升职太拜金，与男上司交往过密心术不正，等等。小娟气愤不已，有时真的想分手算了，但是自己年龄也不小了，两人这些年一起打拼也积累了一定的基础，眼看到了该修成正果的时候。她觉得如果再重新开始，也未必能找到比男友条件更好的人，况且男友也没有别的大问题，就是有时比较幼稚，说话不好听。因此，她选择了"忍"，选择了"再看看"。

【评析】

以上案情向我们呈现了女性在亲密关系中不幸遭遇"暴力"侵害的事件。在亲密关系中，肢体、语言、性的暴力把伤害的痕迹印在身上，而漠视、无视、拒绝沟通的冷暴力则把伤害的疤痕刻在骨子里。任何以爱为名义的"过度管束"都是暴力伤害；同样，任何以爱为名义的"过度忍耐"也是暴力伤害。只不过，一把刀刃冲外，一把刀刃冲里。这些受害者或"勇敢发声"，或"无奈应承"，抑或被质疑"另有心机"。她们把本该美好的爱与性祭奠于一段撕裂的亲密关系中，最后的结果，早已不再是输赢。所以，在建立一段亲密关系之前，要擦亮识别伤害的眼睛；在陷落于一段不健康、不安全的亲密关系时，要尽快逃离伤害。远离暴力，才是应对暴力最好的方法。

第二节　女性遭受人身侵害的现状及成因分析

通过现实案例和现状调查，我们发现，女性因其身心特征在社会交往、工作应酬、学习交流、情感沟通等方面有着特别的表现形式，其安全需求非常强烈，但是她们普遍缺乏必要的安全防范意识，缺乏良好的安全行为习惯，缺乏有效的安全保障知识，缺乏有力的危机心理素质和危机应对技巧，缺乏对性侵害的充分认识，缺乏辨别潜在危险的能力，缺乏情绪管理的能力，等等。在现实生活中，女性更易遭受人身侵害。

一、女性易遭受人身侵害的原因

女性因其自身生理、心理、观念等因素，更易遭受人身侵害。

（一）生理因素：对抗力量的悬殊差距

男性与女性生理上的差距使女性在对抗与反击上处于被动地位。一般而言，男性上半身的肌肉质量比女性高 75%，而力量更是高出 90%。在身体结构和力量结构上，男性比女性更具有侵略性和攻击性。这种力量对抗上的悬殊使女性更易遭受暴力侵害，尤其是来自男性的暴力侵害。这也决定了在女性自我安全防范与救助策略上最根本的方法是意识防范、技巧防范，而不可能是技术防范。因为，无论是哪一种防范工具或防范武术（例如女子防身术和防狼术），在男女力量悬殊的情况下，其都有可能被坏人用来进行反制，加重对女性的伤害。

（二）心理因素：更强烈的心理防御和负面情绪

身体防御力量的失衡使女性在面对危机和侵害时更容易产生恐惧、逃避、屈服等防御心理，这种生理与心理的双重压制使女性一旦处于人身侵害的管控之下更容易放弃抵抗，任人为之。此外，女性出于羞耻心、同情心、虚荣心、自尊心，她们在两性交往中更容易产生崇拜、依赖、留恋、附属、妥协的心理，更容易感情用事，在遭遇性骚扰、性侵害和亲密关系中的暴力时，其更容易选择隐忍、沉默、顺从与躲避。这些因素在某种程度上会让施暴方更加肆无忌惮。

（三）观念因素："受害者有罪论"的社会偏见

女性在学习、工作、社会交往中遭遇人身侵害，其本身已非常不幸，令人惋惜，她们更加需要社会关注、关爱与扶助。但是在现实中，我们常常发现，类似女性遭遇性骚扰或性侵犯的案件还未审判，处于弱势地位的女性往往会被"受害者有罪论"所裹挟，持有这种观点的人认为女性受害者遭遇不幸是因为其本身存在过错。"一个女孩为什么大半夜去跟别人喝酒？""你看她穿得这么少，难怪会被骚扰！""她一个人住还回来得这么晚，肯定不是什么正经工作，难怪被人盯上！""大晚上往外跑，危险自找的！""跟网友认识没两天就跟人家见面吃饭，自己不自重，难怪人家占便宜！""她长得这么漂亮，肯定是跟领导勾搭上了，还怪人家骚扰她！""苍蝇不叮无缝的鸡蛋！""她被老师骚扰了为啥当时不拒绝？""她被家暴了为啥还不离婚？"……这种由于刻板印象、性别歧视、道德绑架而产生的社会偏见，使女性受害者开始质疑和反思自己的行为是否失格，加害者则可以有理由为自己的违法犯罪行为开脱。这既是对女性受侵害者的"二次暴力"，又会大大增加加害者再次施暴的概率。

二、易遭受人身侵害的女性群体

女性因其生理年龄、经验水平、生存环境、性格特征等因素的区别，其可能会面临不同的人身侵害风险。

（一）生理年龄：经验缺乏的年轻女性更易遭受侵害

在现实生活中，所有的女性群体都存在遭受人身侵害的潜在危险。在不同的年龄之下，她们面对的主要安全问题有所不同。未成年少女本身缺乏认知、鉴别和自我保护的基本能力，其更加需要监护人周密细致的价值观引导和人身保障；中青年女性参与社会交往多，独立处理社会事务的机会多，情感生活中的羁绊和需求更多，其会面临更多滋扰与亲密关系中的伤害；老年女性因逐渐减弱的自我安全保障能力，其存在的人身安全隐患同样不可轻视。相较而言，16—35岁的年轻女性普遍存在社会交往经验不足、更易受到感情影响和滋扰、社会交往活动频繁复杂等问题，她们会面临更多人身侵害的风险。

（二）生存环境：努力打拼的职场女性更易遭受侵害

女性进入职场，面临着更大的生存压力和职业压力，尤其是打拼期的职场女性，她们存在更多的生活需求、社交需求和工作需要。随着社会交往范围的不断扩大，这些女性除了要应对正常的工作负担，还要应对来自公共场所的人身安全危机，来自职场的性挑逗、性贿赂、性要挟、性攻击，以及因职业环境、职业条件而产生的亲密关系障碍和暴力。这些女性往往没有太多选择和拒绝的机会。为了生活，她们不得不加班，从而面对晚归的风险；为了工作，她们不得不被动接受或主动选择出差，从而面对独住宾馆的风险；为了保住岗位，她们不得不在一段不安全的关系中选择隐忍、屈从、躲避，从而面对被骚扰的风险。

（三）性格特征：具有"不安全"性格因素的女性更易遭受侵害

我们往往认为一个女性的外貌、穿着、职业、经济条件是其遭受人身侵害的主要因素。例如，长相漂亮、穿着暴露的女性更容易被性侵；从事服务、销售、演艺等职业的女性更容易被骚扰；穿金戴银、开好车的女性更容易被抢劫；等等。其实，在现实生活与实际案例中，具有"不安全"性格因素的女性才是遭受人身侵害的典型群体。一方面，过于保守文静、内向沉默的女性往往更缺乏安全防范心理和防范能力，她们考虑问题比较简单，容易轻信别人，容易产生同情，遇到侵害事件时缺乏反抗意识和精神，更易屈服和顺从；另一方面，过于开放泼辣、热情善言、自以为是的女性往往出于过度自信而放松警惕，她们自认为经验丰富、见识广泛，从而更易遭受人身侵害。

三、女性易遭受人身侵害的环境和条件

不同的环境和条件下产生的安全侵害风险是不同的。女性要特别注意进行环境和条件控制下的安全防范。

（一）"夜晚"比"白天"更危险

黑暗掩盖罪恶，随着夜幕的降临，人性之恶便开始冲出内心的牢笼。夜晚是女性受害者最容易遭受人身侵害的时间。一方面，经历了一整天的折腾，人们到了晚上更容易疲累，从而放松警惕，弱化安全防范的心理；另一方面，夜间光线暗，加害者作案时更容易隐蔽，不容易被发现。此外，夜晚行人少，加害者一旦实施加害行为，不易暴露，更易逃脱。

（二）"独处"比"群处"更危险

单独出行，单独会友，单独居住，单独乘车，单独相处……单独，意味着私密与隐蔽，这会让加害者产生"即便做了什么，也没有人发现"的侥幸心理，从而提升其施暴的概率；单独，意味着孤身一人，一旦发生危险受害者更容易陷入孤立无援的境地，更难采取反抗和求助行动，从而使加害方在施暴时更无所忌惮。

（三）"容忍"比"反抗"更危险

在性骚扰与亲密关系暴力的现实案例中，我们发现，与突发的侵害相比，带给女性更大伤害的是持续的加害行为和长期的心理滋扰。一次人身侵害，犹如一场噩梦，抑或是跌落的一个陷阱，我们要敢于大声说"不"，勇敢拒绝，坚强走出困境。而女性如果采用沉默、隐忍、犹豫、躲闪、逃避的方式来面对侵害，就会让自己陷入无休止的纠缠、折磨与要挟之中。这种身心双重侵犯会使女性遭遇更大的伤害。

四、女性易遭受人身侵害的类型

随着女性参与人际交往的日益广泛，其会面临来自不同领域的安全侵害风险。结合生活、学习、工作实际分析，女性可能主要会遭受以下三类人身侵害：

（一）日常生活与交往中的人身侵害

主要包括：单独参加聚会、应酬、娱乐活动的人身侵害；单独出行（驾车、乘车、晚归、夜跑、出游、入住宾馆）的人身侵害；单独居住的人身侵害；单独会友（约见网友、相亲对象、分手期恋人）的人身侵害；等等。

（二）公共场所、求学与职场中的典型性骚扰

主要包括：公共场所遭遇陌生异性骚扰；求学时期遭受导师性骚扰；职场遭受上司、同事、客户的性骚扰；等等。

（三）亲密关系中的暴力侵害

主要包括：恋爱关系中的暴力侵害；同居关系中的暴力侵害；婚姻关系中的暴力侵害；等等。

第三节　女性人身安全防范与危机处理

社会安全环境的多元、多样与多变，以及人性的复杂，使女性遭受安全侵害的风险大大提高。保障女性人身安全，除了家庭、学校、政府、社会等多维

度共同参与管理与治理外，更需要女性从自身做起，进行系统、规范、专业、高效、精细的学习，培养敏锐的防范意识，获得深刻的安全体验，强化自我安防的能力和素质，以维护社会稳定发展。

一、女性单独驾车安全防范与危机处理

女性单独驾车出行是一种方便、快捷、时尚的生活方式。然而，当我们坐在自己的爱车中享受着它带来的便捷和舒适时，千万不要以为我们的座驾外观坚硬、密闭安全，就足以保护我们免受外界危险的侵害。近年来，女性单独驾车出行遭遇犯罪分子侵害的例子屡见不鲜。一旦防范不当，这个小小的私密空间很可能给我们带来惨痛的教训和致命的伤害。谨记以下 5 条安全法则，以确保实现最大限度的安全保障。

（一）强化安全防范和危机应对的心理警戒

安全防范，首在意识防范。女性主要应在以下四个方面强化安全防范和危机应对的心理警戒。

1. 提醒自己：危险无处不在，要时刻保持警觉和戒备。

2. 告诉自己：

（1）以下车辆和车主最易成为侵害目标：

①颜色、风格偏女性化的车辆（侵害目标：女司机）。

②中高档品牌的车辆（侵害目标：有一定经济能力的女司机）。

③大量购物且独自进入地下停车场取车的女性（侵害目标：有一定经济能力且容易戒备心不足的女司机）。【说明：上车时我们一般会先将物品放入后备箱或后座，这会给犯罪分子足够的时间下手】

④夜晚加班（应酬）后独自到地下停车场取车的女性（侵害目标：有一定经济能力且戒备心不足的女司机）。【说明：晚上加班或应酬之后，我们往往比较疲惫，注意力和警惕心会降低】

（2）以下环境最易遭遇侵害：

①封闭的地下停车场（最危险）。第一，大部分地下停车场的灯光比较昏暗，且几乎没有安保人员，可供隐蔽藏身的梁柱和车辆较多，监控观察死角密布。第二，停放的车辆便于犯罪分子提前判断出车主的经济情况、性别等基本信息，犯罪分子还可通过停放的时间判断出车主经常性停取车的生活工作习惯，从而锁定侵害目标，加大侵害风险。第三，地下停车场一般设有多个出入口，除了车辆进出通道，还有人员走动的楼梯或电梯，这有利于犯罪分子藏匿或逃脱。第四，地下停车场一般信号差，一旦发生紧急情况，网络联系或电话求助比较困难。

②偏僻陌生的路段。

③繁华商业区路口、商场门口。第一，这些地点人比较多，车辆在行进的过程中往往需要不断起停，或者因为接送其他人需要临时停车等待。此时，如果没有及时落锁，犯罪分子很容易突然开门上车。第二，这些地点人流较多，可能会有人借机滋事，如果车主放松警惕，进行不安全开窗回复或下车查看，就会加大被侵害的风险。

3. 警示自己：遇到任何意外、特殊或奇怪的情况，不要着急开窗、下车，待在车里更安全！

4. 把握原则：命比钱更重要！关键时候，坚决舍财保命！

（二）做好出行前的准备

女性单独出行，要重点在以下三个方面做好出行准备。

1. 驾车出行带好相关证件，离车时随身携带

驾车出行要带上两证（行驶证和驾驶证）。为应对不时之需，最好再带上身份证，并准备一张身份证复印件。一旦在出行过程中遇到突发事件，这些证件能够帮上大忙。很多车主为了图方便，会将驾驶证和行驶证长期放在车内，以备交警执勤时查询使用。但是，这种做法是极其错误的。首先，如果遭到偷窃，偷窃者一旦把这些证件拿到黑市上进行不法交易，车主的个人信息会被肆意盗用；第二，当车主的驾驶证被偷盗后，若在黑市被高价变卖掉，又刚好被不法分子拿去进行驾照销分，这对于原车主来说是一笔不小的损失。假若在销分的过程中，抵分的个人又牵扯了严重的交通违章行为，最终还需要驾照所有人来承担相应的责任。第三，如果驾驶证和行驶证被偷盗后，继而流失到市场中，若在道路上被交警人员查处到，根据道路安全法相关规定，这属于非法盗用驾驶证和行驶证行为，交警人员会进行没收。若驾驶证和行驶证被交警没收后，这些驾车人又出现了严重的道路违章行为，证件原主还有可能要承担连带责任。此外，两证同时丢失，对于车主来说，补办本身就是一件非常麻烦的事。因此，尽量不要将驾驶证和行驶证同时放在车内，最好将其随身携带。

2. 安装调适好相关设备，经常检查车辆的使用情况

为保障车主单独驾车时的人身安全，要保证车辆性能及设备的优越和完善。此外，对于经常独自驾车的女性来说，有两点需要特别注意：一是汽车遥控器一定要设置成主驾驶解锁模式，即第一下解锁时，只解锁主驾驶车门，其他三个门不能打开，这种模式能够大大提高安全性；二是最好安装行车记录仪，其可以方便对车身进行监控，预防碰瓷，及时防范特殊情况。有的行车记录仪具有高清夜视功能，可以保障车主在能见度低的夜间行车相对安全。另外，设备带有防碰撞预警、车道偏离预警、行人防碰撞预警等功能，可以有效减少行车事故的发生。

此外，经常单独驾车的女性要养成在开车前查验车况的习惯，确保车辆行驶状态良好。例如，检查轮胎是否能正常行驶，车窗是否能正常关闭，车灯是否能正常打开，喇叭是否能正常发声，雨刷是否能正常使用，导航是否能正常工作，油箱是否充足够用，电瓶是否出现异常，等等。一旦发现故障，要及时进行维修更换，要尽量将驾车过程中可能因设备故障而出现意外的风险降到最低。

3. 开车前查好路线，选择最安全的行程方案

女性单独驾车长途出行或是去较为偏僻的地方时，要尽可能选择走高速，在没有高速的情况下，要选择在国道、省道上行驶。如果路况比较陌生，需要依靠导航，那必须在出发前就设置好，切莫走到半路，再停车查找。最好不要选择那些人烟稀少、路况也不是太熟悉的道路，如果必须通过这样的道路，一定要保持高度的警惕性，关闭车窗，不随意停车。夜间独自驾车出行，一定要关好车窗，因为车窗一般都会贴太阳膜，其本身颜色较深，加上夜色昏暗，犯罪分子很难从车窗外看到车内的情况，他们一般不敢贸然下手。如果需要在路上加油，应尽量选择中石化、中石油这样大型的加油站，避免在一些偏僻道路上的私人加油站加油。

（三）做好上车安全防范

不要贸然上车，上车前要做好安全防范，主要注意以下三个方面：

1. 上车前要注意观察环境

绝大多数犯罪分子会在夜晚或僻静少人之处专挑女车主独自一人的时候下手抢劫，轻则劫财，重则害命，女性在上车时一定要注意观察周围环境，发现可疑人员要高度警惕，最好不要立即上车，可以假装走到其他地方，暗中观察一下，待可疑人员离开后再返回上车。如果发现情况确属高度可疑（例如有陌生人尾随，有陌生人围绕车辆偷窥，等等），切莫轻举妄动，随时做好报警或是逃离的准备，以防不测。这里着重提示五点：一是提前找好车钥匙，不要长时间独自站在停车场里翻找钥匙，以防坏人找到可乘之机；二是在取车时，千万不要光顾着低头看手机或打电话而放松警惕；三是在上车前，要特别注意观察一下副驾驶门周围的情况，排除有人暗中潜伏，伺机侵犯，这往往是女司机关注的盲点；四是如果需要在上车前往后车座或后备箱放东西，要先对周围的环境仔细观察，确认相对安全后，再打开车门摆放物品；五是如果上车后发现车辆有异常响声，但是仪表盘上并没有出现什么设备告警，最好不要马上下车处理，尽量先驶离原地，开到有人的地方再说。

2. 上车后即时锁住车门

上车后的第一件事正常来说当然是启动车辆，但如果你的车没有自动落锁功能，建议上车第一件事改成"启动车辆＋锁好中控锁"。有的女性没有锁车门的习惯，上车后，可能先拽拽衣服，换换平底鞋，打开车镜照照妆容，收拾整理一番，然后再启动车辆，这个过程就存在着很大的安全隐患。当我们的车处于静止状态而没有及时落锁时，不法分子可以轻易打开车门实施抢劫，所以女性朋友们一定要养成上车就锁门的好习惯。这样即便遇到突发事件，歹徒也很难对车内人员造成威胁。这里着重提示一点：夏天开车时，很多人会选择先打开车窗给车辆通风，这个操作省油环保，但是也有安全隐患，可能会有不法分子抓住车窗这个漏洞做坏事。因此，要先确保周围环境相对安全，再进行开窗操作。

3. 随身贵重物品要放好

有的女性习惯一上车就把包包、手提电脑或者其他一些重要物品放在副驾驶座位上，手机放在中控台上，这样虽然方便，但是从车外隔窗就能够看到，犯罪分子突然拉开副驾驶门即可抢夺。这是非常危险的做法，很容易让自己成为不法分子的猎物。因此，应将这些贵重物品放在相对较隐蔽之处，如副驾驶座位的脚踏处。

（四）理智、冷静、机警应对行车过程中的特殊情况

行车过程中除了安全驾驶，更要做好应对突发侵害的安全防范。主要注意以下四个方面：

1. 需要落窗时，车窗只摇下1/4

女性单独驾车时，一般情况下，在整个行车的过程中，车窗要尽量全部关闭，尤其在通过人烟稀少的路段或夜间独自驾车时，更要关上车窗。如果需要给车内透气，车窗摇下1/4的位置就可以了，千万不要全部敞开车窗。如果停车时有陌生人过来敲车窗与你说话，车窗也不要敞开过大，留一道缝隙或最多打开1/4，保证能够听清楚对方的声音即可。

2. 如果突然发生爆胎，不要立刻下车查看

现在很多犯罪分子会采用在路面上撒钉子等引起爆胎迫使驾车人停车的抢劫方式。女性朋友们在驾车出行时，如遇到突然的爆胎，千万不要立刻停车，而是要将车速降低并继续行驶超过1000米以后，方可下车查看。如果在爆胎后立刻停车，很可能会遭遇在那里等待多时的犯罪分子的侵害，但是只要我们把车开上一段距离，那么即使是在车辆爆胎的情况下犯罪分子也不可能追上行驶的汽车，此时再下车检查更为安全。当在偏僻处发生爆胎时，最好在车上等待救援，记得锁好中控锁。

3. 遇到可疑情况，及时报警

现在针对车主的各种诈骗或抢劫案件层出不穷，不法分子最喜欢找那些独自驾车的女性下手，比如突然有人倒在车前碰瓷，有人借问路实施偷窃，或者你的车旁突然发生了蹊跷的交通事故，等等。遇到这些情况，女性朋友千万不要慌张，切勿轻易打开车窗、车门，更不要轻易下车查看或与人争吵理论。遇事要确保锁住车门，关闭车窗，主动拨打报警电话，在车中等待警察来解决问题。

4. 遇到歹徒暴力砸车，不要盲目弃车

如果遇到犯罪分子企图暴力砸开车窗的情况，千万不要选择打开车门逃跑。通常来说，车内的空间较为狭窄，犯罪分子能够施展拳脚的空间十分有限。你一旦进入空旷区域，很难再阻止犯罪分子对你的伤害。即便犯罪分子已经砸碎你的车窗，车体框架依旧是他们难以逾越的屏障。车辆的前挡风玻璃通常都有防爆膜保护，即使玻璃被整个砸碎，也很难脱落，此时应当及时报警。遇到主驾驶一侧的车窗被砸碎的情况，要立刻倒向副驾驶一侧，并尽量让自己的身体远离歹徒。

（五）做好停车安全防范

无论是临时停车，还是目的地到达后停车，都要做好停车安全防范。主要注意以下五个方面：

1. 尽量选择光线明亮处停车

单独驾车的女性最好选择光线较好、人比较多、有专人管理的停车场停车，不要把车停在荒凉偏僻、陌生昏暗的地方。即便是停在常见的地下车库式停车场，我们也同样需要注意安全，尽量在监控和灯光处停车，这样既能提高安全系数，又方便找车。如果车位比较偏僻，最好先观察一下周围情况再下车。

2. 停车等候时及时落锁，注意观察周围情况

我们有时需要在某处临时停车接送家人、朋友、同事或客户，等候期间一定要养成停车就锁门关窗的好习惯，且不要总是在车内低头看手机，要注意及时观察周围是否有异常情况，一旦发现不安全因素，要及时防范规避。这样即便遇到突发事件，不法分子也很难对我们造成威胁。

3. 谨慎下车

有些女性因加班或应酬而晚归，在把车停到停车场或小区停车位时，不要感觉终于到家了，就放松警惕。下车前，要注意观察周围环境，看有没有可疑人员在附近闲逛，有没有同样晚归的男性，尤其是行为猥琐或疑似醉酒的人在附近走动，有没有单独巡逻的小区保安向你走来。一旦发现，不要急于下车，要赶快锁好车门，关闭车内车外灯光，不要出声，在车里继续观察等候，待恢复正常后再下车。

4. 下车随身带走或妥善存放贵重物品

下车时要把贵重物品随身携带，不要放在车上，尤其不要放在透过车窗就能看到的地方。如果不得不留在车内，那锁放在后备箱比放在车厢内更安全一些。

5. 下车及时锁车并检查

下车后要及时用遥控器锁车。锁车后，要随手拉一下车门以确认是否真的锁住了，这样能够防止犯罪分子利用科技手段破坏遥控器的锁车功能。另外，要检查一下车窗（包括天窗）是否已全部关闭。

二、女性单独乘车安全防范与危机处理

近年来连续出现女性搭乘网约车遇害案件，这引起了社会的诸多关注。以"女孩乘滴滴顺风车遇害"为词条的一条微博热搜，至今阅读量已近 25 亿。在对受害者表示惋惜的同时，我们更应该思考的是，在如今出行交通如此便捷的条件下，女性乘客在单独乘车时该如何保护自己的人身安全。女性乘客要谨记以下 10 条安全法则，以确保实现最大限度的安全保障。

（一）尽量避免夜间单独搭乘长途车

在现实生活中，大量女性乘车遭遇人身侵害的案例告诉我们，女性在"夜间""单独"搭乘"长途车"时潜在的安全风险最大。女性单独出行，不法分子更容易趁"夜色"掩护实施侵害，而搭乘长途车更为侵害行为提供了环境和条件。因此，如果不是遇到了紧急或特殊的情况，女性尽量不要在夜间单独乘车，如果必须要夜间乘车，则需要提高警惕，做好防范，熟练运用一切防范手段或策略为自己保驾护航。

（二）务必选择正规运营的交通工具

女性需要单独乘车时，一定要选择正规运营的交通工具，不要为了贪图方便或便宜，随便搭乘黑出租、黑公交、黑摩的等而让自己陷入受侵害的风险当中。正规运营车辆内都设置了服务监督卡或者显示器，上面不仅印有司机本人照片，还有司机的姓名、公司名称、车牌号和单位电话等信息，并标明了 5 项服务承诺，其要求驾驶员保持车内卫生、不宰客、不拒载、不甩客、不违章驾驶。女性在打车时要尽量到主路上打行驶中的空车，不要打停在路边的空车，避免遭遇"坏人"守株待兔。

（三）搭乘前注意核对车辆信息

女性单独乘车出行，尤其在清晨、夜间或偏僻路段上搭车时，一定要在上车前注意留心或核对一下车辆信息。当沿路搭乘出租车时，可以特别留意一下这辆出租车的车牌、颜色，确定一下其是不是本地区正规运营车辆；当搭乘滴

滴顺风车等网约车时，务必在上车前核对一下车牌、车型、颜色、司机等是否和预约的一样，还要查看司机面貌是否与照片一致；当乘坐租赁来的搬家、运货车辆时，要注意核对车辆及司机是否与之前约定的信息一致。切莫一时疏忽，因上错车而被坏人钻了空子。

（四）上车绝对避免坐在副驾驶的座位上

女性单独乘车时，尤其在司机是异性的情况下，出于安全的考虑，要绝对避免坐在副驾驶的座位上，除非司机是你平时非常熟悉的朋友。当然，这里我们建议，女性搭乘异性的车辆时，要尽量回避有特殊含义的"副驾驶座位"（具有亲密关系），这也是出于异性社交礼仪的考虑，从而减少不必要的误会或麻烦。女性单独乘车时的最优座位是副驾驶的后面，这也是打车人员的标准座位。这里需要注意两点：一是我们是否可以坐在司机的正后方，答案是尽量不坐。出于安全停车的需要，一般不开车辆的后左门，通常都是开后右门。如果你在司机的正后面就座（左后座），一旦遇到危险，很可能无法第一时间打开左门逃离。二是上车时，异性司机主动打开副驾驶门邀请你上车是否就要坐副驾驶位置。这时，很多女性乘客往往出于礼貌或疏忽，会直接坐到副驾驶座位上。但此时，一定要警惕！！（如果发生此类情况，这位男性司机可能没安好心。）

（五）乘车过程中视安全防范需要，尽量保持与外界的联系

如果单独搭乘车辆去往比较远、比较陌生或偏僻的地方，或者是夜间搭车，女性最好在刚上车时就把车辆信息、线路信息或预计到达的时间告知给家人或朋友，并且以"明示"的方式让司机了解到这一点。我们可以采用打电话或发语音微信的方式，例如："我现在上车了，走的……路，大概……时间到。我把车牌号发你了，你一会儿到楼下（或小区门口）接我一趟吧。""我把位置发给你了（或者我给你共享实时位置了）。""我现在到……路口了，估计还有一会儿就到了。"这里有个小技巧，当你不方便给一个朋友打电话或发语音时，你可以利用微信的文件传输助手，假装发语音微信来告知"对方"你的情况。

（六）杜绝司机临时绕道加人、接人或加油

在单独乘车的过程中，如果司机临时提出要中途去接个人或再加一个人，我们一定要严词拒绝。一方面，如果司机临时起了歹念，再加一个人很可能会增加帮手；另一方面，司机可以以此为借口绕路，以便把受害者带到陌生地段。遇到此类情况，我们要直接拒绝说"不行，我赶时间！如果你要再接人的话，那我重新叫车了"。另外，有些司机可能说需要路上去加个油，这时我们要提高警惕，尽量直接拒绝，可以说"我赶时间，先送完我再加吧"。尤其是晚上乘车，我们更要避免中途去加油站。如果拒绝不了，最好换乘。要相信，

具有良好职业素养的司机一定会在载客前做好这些准备，而遇到一个不靠谱、不守规矩的司机，本身就是一种风险。

（七）切记乘车"不露肉""不露财""不露底"

女性乘车，要坚决"不露肉""不露财""不露底"。"不露肉"，即要注意穿着和坐姿，尽量不要穿相对暴露的衣服，尤其是夏天出行，要避免穿着低胸上衣、超短裙等。就座时也要确保坐姿端正、规矩、文明。有些女性一上车就一副彻底放松的架势，身体半躺半卧，撩着裙角，叉着腿或跷着二郎腿，没有注意到自己已经"走光"了。这种情况会增加被骚扰或被侵害的风险。"不露财"，即不要在车上查看和翻找现金、首饰，以及其他高档或贵重物品，不要在车上打电话提及账户、财产往来等有关信息，不要显摆、炫耀资产等。俗话说，"财不外露"，以防被不法分子盯上。"不露底"，即在车上尽量少说话，不要与司机闲聊自己的个人信息或生活情况，例如具体住在哪里、在哪上班、在哪上学，平时的作息时间或生活习惯，家庭关系、恋人关系、同学关系如何，是不是正与家人闹矛盾，是不是正处于失恋中，是不是正与同学闹了意见，等等。要特别注意个人信息与隐私保护，切莫让有心之人钻了空子。

（八）乘车途中随时注意观察周围的情况

女性在独自乘车的过程中要随时注意观察周围的情况，一旦觉察到异常，要及时防范、及时纠正。一是观察路线情况。要注意了解路线走得对不对，是否越开越偏僻，司机有没有绕道。我们可以在手机上开启导航，一旦偏离其会有语音提醒。二是观察司机情况。要留意司机有没有偷偷观察你，语言是否暧昧、挑逗、下流，司机与其他朋友的对话是否暴力、粗俗或偏激。如有此情况，要尽快终止乘车。三是观察车内环境情况。要注意车内是否突然出现异味（可能是香味），以免遭遇被迷晕的风险。我们可以将身旁的车窗落下三分之一，尽量保持与外界环境相通，一旦发生意外可方便求助，也可以防范车内释放有害气体。很多乘客一上车就玩手机，或者戴着耳机听音乐，甚至睡觉，这都是非常危险的做法。

（九）克制情绪，尽量避免与司机发生冲突

单身女性乘车，本身就势单力孤，一旦与司机发生冲突，就可能面临被侵害的风险。2021年2月6日发生的"货拉拉女孩车上争执坠车死亡案"就给我们提供了深刻的教训。这起案件引发了社会的广泛关注和讨论。涉事女孩已死亡，我们无法证实女孩是不是为了逃离"风险"而跳窗致死，也无法证实司机当时是否使用了暴力。这是一起由"争执"而引发的死亡案件，他们因为一时情绪，酿成大祸，一个失去了生命，一个失去了自由。司机若能耐心解释，女孩若能再懂点儿人情世故，也许悲剧就不会发生。这个事件也警示我们，单

身女性在外要学会克制情绪，避免矛盾激化，倘若与司机发生不愉快，要选择报警或投诉处理，这样会更加明智。

（十）下车记得索要发票（车票）

很多乘坐出租车的乘客下车时，或因为赶时间，或觉得没必要，一般就不要发票了，其实这种做法是不当的。我们在乘坐租赁车辆或公共交通工具时，一定要记得向司机索要发票（车票）。一来这本身就是乘客与司机存在交通运输合同关系的一种凭证，一旦发生纠纷，可依此证明处理；二来司机向乘客提供发票也是法律的规定，如果司机不能提供，乘客可以拒付车费；三是可以方便乘客找回不慎遗失在车上的财物，乘客如果有时粗心大意，把随身物品落到了车上，下车后可以凭借发票上的信息找到司机，从而找回遗失物；四是一旦发生意外而报警，警方可依据发票信息尽快展开调查。女性单独乘车时，如果一上车，司机就告诉你这次给不了发票（或打不出发票等），要尽量不乘坐该车，防止因搭乘到"黑车""克隆车""不规范运营车"等不良承运车而带来风险。

三、女性独居安全防范与危机处理

家门是我们守住安全的最后保障。独居女性更应该提高安全防范意识，不要轻易让自己失去这最后一重保护。女性要机警识别危险，机智化解危险。当危险来"敲门"时，严守大门就守住了保护我们安全的最后底线。

（一）创设并维护居住的安全环境

女性要保证独居生活安全稳定，首先要从主动、积极、认真、警惕地做好独居环境的创设和维护上做起。主要应注意以下十个方面：

1. 尽量选择有较为完善的保安和物业服务的小区居住

单身女性独居（或两三个女孩儿合住），安全问题最为重要。在选择居所时，无论是自购房，还是租赁房，要尽量选择周围交通较便捷、具有较完善的保安和物业服务、安全性高的住宅小区。不要为了省钱，购买或租赁那种远离市区、位置偏僻、交通不便、配套安保和物业服务不完善的小区。这种小区居住起来既不安全，又不便捷，会给我们带来很多困扰和麻烦。

2. 租房入住要首先确保房屋安全性和私密性

独居女性在租房时首先要确保房屋的安全性和私密性。

（1）检查有没有暗藏的摄像头，特别是浴室和卧室；

（2）门窗要坚固，一旦发现门窗有故障或不好用，要及时更换；

（3）换掉老锁芯，一来安全（防范前承租人和房东），二来也可以防止门锁老化出问题；

（4）窗帘一定要齐备，客厅、卧室、卫生间均要配备适合且耐用的窗帘；

（5）阳台玻璃最好贴上不透光膜。很多女性独居时，经常穿着内衣在屋里走动、到阳台做饭或晾晒衣物，一旦被不法分子暗中观察，这是非常危险的。女性要特别注意房屋的私密性保护。

3．通过细节营造"男女同居"的假象

要在细节上营造出"男女同居"的假象，以防范女性单独居住所带来的风险。例如，可以在阳台上挂几件男士衣服（男士内裤、衬衣、迷彩衣等），也可以在入门鞋架上摆几双男士的鞋子（42 码以上，深色）。在有些小区的住宅楼里，业主习惯把鞋架摆在门口的楼道里。女性单独居住的时候，切记不能在鞋架上全部摆放女鞋。再如，家里准备一个烟灰缸（旧的比新的好），里面戳两根烟头，放些烟灰。一旦有外人来家里办事，我们可以提前把烟灰缸摆放在茶几上，营造家里有男士居住的假象，起到防范和震慑的作用。

4．贵重物品不要摆在显眼的地方

现在很多住户会在入门处放置一个小桌子，随手放一下皮包、钥匙、雨伞什么的，非常方便。女性单独居住时，不要把现金、手表、手机、首饰、笔记本电脑等相对贵重的物品摆放在屋内显眼的地方，尤其不能摆放在入户门口附近，以防被快递、外卖、物业等人员在门外"别有用心"地看见。

5．要特别注意入户门上的"猫眼"

有些防盗门比较老旧，门上的"猫眼"也相对简陋。门内侧的猫眼如果是那种没盖子的，平时要找东西贴起来，有人敲门了再掀开看（有一种工具可以从外面利用猫眼看到屋内情况）。门外面的猫眼尽量不要遮起来，如果有贴小广告的把猫眼遮住了，要尽快撕下来。春节贴对联时，门外的"福"字不要把猫眼遮住。

6．及时清除报箱里堆积的资料和贴在门上的各种广告、通知单

报箱里堆积着的花花绿绿的资料，门上贴着的像牛皮癣一样的各种小广告，门把上插着的各种催办、催缴通知单……这些乱七八糟的纸面垃圾，一方面显得你住的房子环境差，很破败，另一方面表明你的房子经常没有人居住，无人打扫。这可能引起小偷的注意，引来危险。因此，要及时清除这些纸质垃圾，营造干净、整洁、安全的居住环境。

7．家里要准备一些常备药

女性单独居住时，家里要准备一些感冒药、退烧药、肠胃药、抗过敏药、创可贴等比较日常的药品，以防止夜里出现突发状况，不得不出门买药。要尽量减少夜间的单独外出，避免各种潜在危险的发生。

8. 安装必要的安全防护设备

女性单独居住时，一定要安装必要的安全防护设备。

（1）如果在四楼以下居住，务必要安装防盗网；

（2）入户门上安装防盗门链；

（3）如有必要，在家里隐蔽的角落安装一个随时可以查看的摄像头；

（4）根据实际需要，还可以购买或安装一些"女性独居安保神器"，如可视门铃、门阻器、门磁报警器、智能锁、监控等。这些小器物在网上均有销售，价格不贵，方便实用。

9. 平时与邻居搞好关系

俗话说，远亲不如近邻。平时要和周围的邻居搞好关系，在电梯遇到时主动打声招呼，简单聊几句，一旦发生什么突发状况，也有人帮忙报警或提供帮助。我们可以有意识地与几户同楼层、同单元、同幢楼的邻居相对熟识一下（可加一下微信），一旦出现停电、断网、小区异常等特殊情况时，可以先联系一下这些邻居，问清情况后再做处理。

10. 降低个人"存在感"

女性单独居住时，出于安全考虑，要尽量降低在小区生活的个人"存在感"。

（1）不露富。穿着打扮不要过于奢侈，有些女孩爱穿名牌，用奢侈品包包，戴名贵首饰，这些无疑会给独居女性招致风险。

（2）不露底。有些女生喜欢在门口、阳台上摆放花花草草，甚至在入户门上挂上花环，这样可能很有生活情趣，但是会释放出"这里是女孩居住"的信号，这样容易招致风险。

（3）不露头。女性独居时，小区或单元一旦发生纠纷等情况，尽量少出头，少与别人理论或计较。平时更不要跟人吵架，或做事特别高调（例如，在小区公共场所高声打电话，经常在家举办派对，晚上活动声响过大影响楼下睡觉，等等），以免被别人盯上。

（二）养成独居安全防范的日常行为习惯

独居女性在日常生活中要养成安全的居住生活习惯。主要注意以下五个方面：

1. 留心回家路上的环境

晚归独自回家，本身就具有危险，在回家的路上，要保持警觉，注意留心周围的环境。

（1）回家路上务必"耳聪目明"。有些女生回家时一路插着耳机听音乐，有些女生一路打电话聊天，有的一路低头刷手机，还有的喝多了酒头脑不清楚，如果此时被人尾随，根本无法及时发现。

（2）晚归时单独与陌生男性同乘电梯，尽量不要直接按自己住的那个楼层，可以选择高一层或低一层，然后从楼梯间走回自己的楼层，或晚一些再乘电梯，以免暴露自己的居所，被人盯梢尾随。

（3）在多层住宅中，如果发现有陌生人在楼道里徘徊，不要立即开门进屋，可以假装通话，暗示家里有人，最好等到陌生人离开再进屋，以防被坏人胁迫进屋。

（4）回家的时候一定要检查自己家门附近是否有奇怪的标记和符号，如果有，要记得及时擦掉，这些奇奇怪怪的标记和符号很有可能是小偷上门踩点时做的记号。

2. 务必看管和使用好家门钥匙

在多层住宅中，我们有时会发现隔壁邻居的入户门上还插着钥匙（住户进门忘了拔钥匙），这种情况对于独居女性来说是十分危险的。家门钥匙是打开安全屏障的最后一道防线，我们一定要看管好、使用好。

（1）出门时钥匙要随身携带，以免被锁在屋外，带来麻烦。

（2）平时钥匙要稳妥装好，可以放在包里固定的位置，这样翻找起来也比较方便。

（3）钥匙不随便外借，装钥匙的包不随便乱放。为了方便，人们习惯把很多钥匙串在一起，如果有外人需要临时使用一下其他钥匙（例如办公室钥匙），整串钥匙可能都会被借走。一旦"别有用心"之人偷偷盗走家门钥匙进行复制或伺机生事，势必会带来风险。另外，很多女性习惯把包随手放在办公桌上，这也会给"别有用心"之人以可乘之机。

（4）回家时提前找好房门钥匙。很多女性都有走到门口再从包里翻找钥匙的习惯，因为女性一般在随身包里装的东西比较多，比较杂，所以有时翻找起来要费一段时间。对于独居夜归的女性来说，这是很有风险的。因此，我们要在上楼时或在电梯内提前找到房门钥匙，不要长时间独自站在门前翻找钥匙。

（5）打开家门时要记得及时拔出钥匙，千万不可遗留在门锁上，不是所有的疏漏都会有好心人提醒的。

（6）进屋后随手用钥匙反锁门。进屋后（尤其是晚上睡觉时），可以将钥匙从屋内插进门锁锁门，请注意是从屋内！某些防盗门通过专业技术是可以被打开的，但是将钥匙从屋内插到门锁上可以将锁芯卡死，这时候即便对方配了钥匙，其在门外依旧转不动门锁。

（7）尽量不用太显眼的饰品做装饰。很多年轻的女性都喜欢在钥匙上挂一个萌萌闪闪的玩偶，下班还没到家门口（或者去楼下取快递、倒垃圾），拎在手里甩来甩去。这其实会在无形中向外界强调一个危险信号，那就是"此时我家里没人"。

3. 安全守好自己的空间

生活里处处隐藏着危机，只有时刻保持防范之心，才能尽可能降低风险。女性独居时，为了弱化"独居"下的不安全因素，可以采用一些小技巧来强化居住的安全性。

（1）进门主动"打招呼"。可以在回家一进门的时候，向屋内招呼一声"我回来啦"，避免别人知道你是一个人生活。

（2）平时注意拉好窗帘。关上房门，虽然看似是生活在自己的空间里，但是要注意警惕，透过窗户，你的一举一动可能都在被人暗中观察。尤其是晚上，如果没拉窗帘，楼对面的人可以非常容易地看清你在房间里的活动。无论是出于私密性，还是安全性，女性在独居时一定要注意随时拉好窗帘，不要将自己暴露在外。

（3）避免灯光泄露居住信息。现在的住宅一般都是南北向，客厅、卧室在南，厨房、卫生间在北。晚上人们一般都在客厅活动，所以习惯只开客厅的灯，到了睡觉的时候，再打开卧室的灯。此时，不同房间的"灯光"就会清晰地呈现你在房内的活动轨迹，也会暴露你的独居状态。因此，你可以有意识地在不同的房间多开几盏灯（或是台灯、落地灯等），以防别有用心之人借助灯光来判断实施侵害的条件。

（4）绝不轻易开门。除了提前约好的朋友、维修、物业、快递、外卖等，当门铃无端响起或有人突然敲门的时候，切记不要轻易开门。

①当遇到停电、断网等特殊情况时，不要立刻开门查看，应该先与熟识的邻居联系一下，看看是否是普遍现象。如果只有自己一家停电而又确信没有拖欠电费，那么事情就可能不那么简单。如果担心自己家跳闸了（一般配电箱都在楼道里），那要静待一段时间，听听楼道内的动静，通过"猫眼"或可视门铃观察一下门外的状况，在确定安全的情况下，再开门查看，且不可草率开门查看，犯罪分子有可能就在等待这一时刻。

②当听到门外有小孩哭、楼道里发生争吵时，不要因为好奇而贸然开门，要保持屋内安静，做好安全防范。当有人砸门时，要高声质问对方是谁，并大声警告说"再不停止，我报警了""我已经报警了"！切不可因气愤而直接开门与其理论。当有人敲门说"你钥匙忘拔了"，也不要草率地直接开门查看，要先看看钥匙是不是真的忘拔了。如果是真的，可以隔着门先喊一句，"谢谢啊！老公（爸）你出去开一下门把钥匙拔下来，我这儿占着手呢"。等外面人走了之后，你再出去。如果不是真的，那事情可不简单了，要赶紧做好防范，准备打电话报警。

③不要完全相信"猫眼"。我们的门上通常都有猫眼，其是为了方便我们观察门外的情况，有些女性十分相信它足以给我们带来安全。然而"猫眼"的视角实际上很小，可视范围极为有限，倘若犯罪分子藏在我们"猫眼"的视觉死角里，那么此时我们盲目开门很可能将面临无法想象的危险。因此，女性独居时要安装一个智能可视门铃，一旦门外出现异常，可及时监控。

④在开门时要确保挂锁位于锁死的状态。我们家中的大门大部分都会安装链式的挂锁，当挂锁锁上时，我们可以将门推开一个不大的缝隙。当无法判断门外是否来者不善时，我们要挂好挂锁，先通过门缝观察情况。

⑤如果是陌生人无端敲门，我们要谨记四点：不开门、不出声、堵门、报警。

4. 不随便透露个人居住信息

女性独居时，要特别注意保护自己的个人居住信息。

（1）不要跟小区内新结识的邻居、超市店员、保安、保洁人员等过多谈及个人信息，可以有意识地提及"我老公（或我男朋友）在家干什么干什么"，尽量避免让外人掌握你是独居的情况；

（2）尽量不要在朋友圈、微博上晒自己住处附近的环境，晒自己在家的日常生活，晒自己加班夜归的心情，更不能提及你"独居"的状态；

（3）尽量不要在网上透露个人信息，不要在群里发定位。

5. 慎重带异性回家

女性独居，从安全的视角看，其实是一种非常私密的状态，也极具不安全因素。除了可能遭遇来自陌生人的入室盗窃、抢劫等，更多风险是来自熟人的侵害，尤其是性侵害。小区里经常见面的保安和物业人员、经常联系的快递员、平时相熟的邻居、有过几面之缘的相亲对象，甚至在工作中比较熟悉的同事，都可能突然转变为伤人的刀！因此，如果不是真正的爱人、情侣以及最值得信赖的异性朋友，不要随便带回家。

（三）掌握收取快递、外卖时的安全防范法则

独居女性在日常生活中常常需要收取快递和外卖，此时要特别做好安全防范。主要注意以下四个方面：

1. 注意保护个人信息

收取快递和外卖时，我们要特别注意保护个人信息，尽量不暴露"独居"的状态。

（1）在不需要实名收货的情况下，我们最好使用一个假名（男性化昵称），或者用"X（姓）先生"，不要用真实姓名；

（2）外卖与快递的地址最好不要写到具体门牌号，写到楼号或单元号即可，可以注明"到后打电话"；

（3）平时订外卖，我们可以在备注上标注"两副餐具"，尽量不要暴露独居情况；

（4）不要随意丢弃有个人信息的单据。现在快递和外卖的包装袋上都附有接货人、送货地址、联系电话等个人信息的单据。我们在拆开后要记得把这些单据毁掉或涂黑后再丢弃，以免泄露个人信息，被不法分子利用。现在的快递单基本上都是热敏纸，用打火机点一下就能烧去所有的个人信息。如果你比较懒或者收到的快递量比较大，可以买一个"乱码保护印章"，直接印在单据上，这样就可以轻松覆盖掉上面的信息。

2. 尽量不要送货上"门"

当人们越来越追求"快捷""方便""周到"的快递服务时，作为独居的女性，我们尽量不要选择送货上"门"的服务。这里的门，指的是"家门""入户门"。我们尽量不要在送货地址中留下具体门牌号，以防不测。我们可以选择将快递送至单元门，然后通过电话联系，下楼签收；也可以让对方直接送到小区里的菜鸟驿站，待方便时自行领取；小件物品尽量用楼下快递柜收货。如果必须送到门口，我们也尽量不开门取货，可以要求送货员把快递或外卖放到门外，在通过猫眼或可视门铃确认门外安全的情况下，再开门取货。当然，很多人会觉得这样比较麻烦，也费时间。但是，对于独居女性来说，"安全"一定是首要考虑的问题。我们要尽量避免陌生人，尤其是陌生男性有机会直接敲开你的家门，要努力将受侵害的风险降至最低。

3. 避免非正常时间点的送货

在前述上海独居女子遭快递员谎骗情人节送花入室性侵一案中，受害人汪女士犯下了两点致命的错误：一是下午接到快递员送花的电话时，随随便便就告诉对方自己晚上十一点半才能到家，因此无法接货。这样既暴露了自己夜归的情况，又暴露了自己独居的现实。二是她凌晨又接到快递员送花的短信时，竟然做出了回复，并同意其当即"送花上门"的请求。面对快递员如此不正常的举动，她都没有产生半点儿警惕和防范之心，致使自己不幸遭到侵害。从这样的案例中，我们务必要得到教训，要拒绝快递员在非正常时间点的送货要求。一般来说，早上八点至晚上九点，我们可以正常接货。独居女性在家接货，出于安全考虑，时间上掌握在早九点至晚七点更佳，超出这个时间段，都属于非正常送货时间。我们要尽量避免在非正常送货时间接货。

另外，有些女性有吃夜宵的习惯，晚上兴致上来，或者加班很晚到家，从网上订个外卖，也很方便。此时，如果再选择"送货上门"，外卖小哥在夜深人静之时直接敲开你的房门，想想看，这是不是一个非常危险的场景。因此，我们平时要尽量避免夜间订餐。如果偶尔不得不为之，我们可以用点儿小技巧，例如在备注上写"打电话后放门口就行了，不要敲门，被家长发现会挨骂。谢谢！"

4. 不要与快递员过于相熟

有些女性特别爱网购，平时家里快递不断，时间一长，她们就和快递小哥相熟起来，甚至彼此还加了微信。单纯朴实的女孩涉世不深，以为认识了一个体贴幽默的大哥哥，免不了聊上几句。对方逐渐掌握了女孩的个人信息和生活习惯，有时送货上门会借故进屋上个洗手间，喝口水，吹吹空调凉快一下。这里，我们要特别当心，引狼入室，防范缺位，伺机行动，看似平静又正常的表面之下其实暗藏凶险。

（四）谨记物业、维修人员入户时的安全注意事项

女性独居时常常会遇到物业人员、维修人员入户调查、收费和设备维护的情况，此时要特别做好安全防范。主要注意以下三个方面：

1. 平时要注意检查房屋设备的使用情况，如有问题要及时处理

我们要知道房子的电表、水表、配电箱、电闸都在哪里，平时要注意检查门、窗、锁是否牢固，水管、天然气管、暖气管是否需要维护，燃气灶电打火是否快没电了，电表里是否还有较充足的电费，物业费、水费等生活费用是否该缴纳了。需要维护和维修的设备，在白天找机会抓紧时间处理。需要缴纳的费用，尽量提前主动缴纳，不要等人上门收取或发生断电后临时处理，以免产生更大的麻烦。

2. 设备出现故障时，务必找物业或官方维修人员上门维修

家有电器或设施坏掉，我们一定要找物业或官方维修人员，不要找路边小店的人上门修理。约定上门时间后，尽量找个朋友（最好是信赖的男性）来家里陪你，不要给维修人员留下女性独居的印象。

3. 入室后保持房门开放状态

物业、维修人员上门后，我们不要关闭房门，要保持房门开放的状态。我们要尽量站在离房门较近的地方，一旦发生危险可以更快逃离或呼救。如果需要跟随维修人员进入厨房、卫生间等地，我们要尽量走在维修人员身后，这样可以掌握更大的主动权。

（五）记住常用的紧急报警方式

女性独居时，一旦遭遇特殊或紧急情况，一定要在第一时间报警。我们要牢记常用的报警方式，可以提前打印出来，贴在家里最显眼的地方，以备不时之需。

1. 首先是 110 报警电话

报警时要确保准确、具体。首先要准确说明所遇到的问题，要实事求是，不夸大事实，以免影响警察正确判断问题的性质，不利于处置。其次要讲清楚姓名、住址、所在位置、准确地点等。如果现场情况不便在电话里直接说明，我们可以借询问"快递""外卖"等方式暗示接警人员遇险情况，此时要特别注意保持镇静，听清楚对方的问题，进行准确回复。

2. 小区所属派出所的电话

110报警电话固然管用，但是一般来说，你拨打110之后，总机接线员还是要先问清楚你的片区，再转线。为了节省时间，你最好记住片区派出所的电话。每个单元门、电梯间的墙上会标有片区派出所的联系电话，你平时要注意拍照留存。如果小区里没有贴这个联系电话，你可以去物业或网上查一下，提前把电话号码打印出来贴在家里显眼的地方。

3. 12110短信报警

当你不方便打电话报警的时候，你可以采用12110短信报警的方式。

（1）12110后可以加上当地区号后三位，此时短信可以分发到地级市的报警台，从而让你更快得到警方救助。

（2）在短信中你一定要注意写清楚事件发生的地点、时间以及简要情况。

（3）在短信中你要说明自己不方便接听电话，或者提前把手机调整至无声状态，避免回拨时发出声音。

4. 小区的物业电话

如果家里或楼道里水、电、暖等基础设施出现了故障，或小区内出现了异常情况，我们可以和物业联系。对于突然上门服务或登记的物业人员，先不要让其进屋，打电话联系物业公司，确定信息后再开门。

（六）冷静机智面对异常或危险情况

女性独居时，一旦遇到以下异常或危险情况，要尽量保持冷静，机智处理。

1. 下班回家如果发现门窗有被撬的迹象，我们切勿进屋，也不要叫喊，要立即打电话报警。

2. 进门后如果发现有陌生人在屋内，我们可装作找人或走错了，立即退出，然后打电话报警。

3. 一旦遭遇入室抢劫，要尽快冷静下来评估风险，评估逃离的机会。不要与之争吵，以免激怒对方。可以用"理解、同情、我帮助你但你别伤害我"等语言与之周旋，寻找机会成功脱险。

4. 一旦遭遇入室侵害，我们要远离厨房（有刀具等危险品），远离卫生间（封闭狭窄，更易被控制和伤害），不要轻易使用剪刀、削皮刀等工具主动反击对方（当身体力量比悬殊时，任何反抗的工具都可能加重侵害）。

5. 在任何情况下，生命是绝对第一重要的！

四、女性单独参加工作应酬、社交聚会安全防范与危机处理

女性参与社会交往，离不开社会关系的建立和维系。尤其是参加工作不久的年轻职场女性，其本身还不具备多少选择的权利，在日常工作和生活中，总有些"应酬"是必要的，有些"酒局"是躲不开的。然而，女性参加这些带酒局的社交活动，千万要提高警惕，做好充分的安全防范。"饮酒"带来的可能是推进的工作项目，可能是增进的人际感情，还可能是醉酒之后遭遇的意外侵害。

（一）弄清社交应酬的背景和场合

女性在参加社交应酬，尤其是可能需要饮酒的社交活动之前，要首先弄清楚这些社交应酬的背景和场合。

1. 关注应酬的目的和作用

同意参加之前，我们要了解安排这个应酬的目的是什么，是为了推进工作项目、增进人际感情、单纯拜访问候，还是解决纠纷矛盾。要明确自己参加这个应酬的作用是什么，是负责项目说明、酒局服务、陪同对方女客，还是买单善后。不要因为别人一句邀请，就糊里糊涂参加。

2. 关注参加应酬的人

同意参加之前，我们先打听一下会有哪些人参加这个应酬，有没有需要格外关照的领导、上司、客户，有没有熟悉的同事或朋友，有没有其他女客。如果你是应酬中唯一的女性，那么你很有可能会成为男性酒友集中攻击的对象。你可以提议再带一位与你相熟的女性朋友。只有做到心里有数，我们才能及时做出判断和决策。

3. 关注应酬的时间和地点

同意参加之前，我们还要特别关注应酬的时间和地点。这不仅是安排和参加应酬的必要条件，还是做好安全防范的必要因素。如果应酬安排在了中午，那么很有可能不用喝酒。如果安排在了晚上，那就要做好可能会喝几杯的准备，并且要提前做好应酬结束后如何安全回家的计划。如果应酬安排在了大酒店、小餐馆，那么我们要考虑好当地的交通和治安情况。如果应酬安排在了KTV、酒吧、嗨吧这样的娱乐场所，建议最好不要参加，尤其不要晚上独自参加。如果推不了，那务必要提高警惕，做好各项防范措施。

（二）穿着得体，举止端庄，语言文明

女性参加社交应酬，要特别注意遵守社交礼仪，要穿着得体大方，妆容淡雅自然，举止端庄优雅，语言文明有度，表情含蓄真诚。这既能帮助女性树立文明干练、有礼有节的职业形象，又能体现其良好的职业素养和生活品位，从而赢得更多的尊重和欣赏。无论是高端酒会，还是酒吧聚会，女性在穿着、言

行、举止上都要符合社交规范，着装切忌短、露、透，言行切忌暧昧、粗鄙，以免被别有用心之人钻了空子。

（三）掌握应酬中的安全防范法则

女性在参加社交应酬时，要注意以下安全防范法则：

1. 不轻易、不随便沾酒；

2. 认清自己的饮料瓶或酒杯，不要拿混；

3. 凡是离过手的饮料或酒都不要再喝，尤其是在 KTV 或酒吧这样的环境中；

4. 不要和刚结识的朋友，尤其是异性去吵闹的、听不到呼救声的娱乐性场所，尽量不要去包厢性质的封闭性场所；

5. 尽量不坐在最靠里的位置；

6. 不要在家以外的任何地方醉酒；

7. 如果应酬中有人讲荤段子，要装聋作哑，可以装作没听见，装作在和旁边的人专心说话，装作低头发微信，或拿起茶壶起身出去添水，等等；

8. 遇到有人对你拉拉扯扯、动手动脚，要直接拒绝，起身借故离开；

9. 如果是晚上，要提前将应酬的地点及包厢号告诉亲人或朋友，结束时最好让对方过来接一下自己，或者自己打车回家，最好不要让不熟的朋友开车送你回家；

10. 如果觉得这场应酬自己可能会喝过量，可以在中途借故离开一会儿或直接走掉（找个借口，发微信向有关人员说明一下），否则，务必提前安排好结束后有家人或朋友来接自己。

（四）学会拒酒

女性参加社交应酬活动，为避免饮酒或醉酒后的安全风险，可以学习一些拒绝饮酒的小方法。例如，我们可以在与领导和同事平时交流时潜移默化渗透自己不会喝酒的个人特质。这里要注意，如果已经做好了不喝酒的打算，就一次都不要喝。此外，在酒桌上，我们可以用礼貌的态度和合理的理由委婉拒酒，如酒精过敏、处在生理期、在喝中药调理、生病在吃抗生素或者输液、胃不好、在备孕、自己要负责酒局后清场、自己要负责酒局后开车送大家安全回家，等等。通常情况下，在参加有质量的酒局时，女性还是比较能受到尊重的。一旦抛出了这些理由，一般不会有人说什么，也不会有人劝酒、逼酒。当然，如果有人执意让你喝酒，要远离这种人，其不是心术不正，就是人品不佳。

（五）聪明应对"推不掉"的酒局

女性单独参加社交应酬，一旦遇到"推不掉"的酒局，要提前做好防范和应对。

1. 喝酒前吃点儿东西

空腹饮酒，胃肠道对酒精的吸收最为充分，人也就最容易喝醉。喝酒时如果胃里已经有了一些食物，就能减少胃肠对酒精的吸收，也能减少酒精对胃黏膜的刺激。因此，不要空腹饮酒。如果已经预料到要喝酒，可以在赴宴前先吃点儿东西（淀粉类食物、牛奶等更佳）。

2. 尽量喝啤酒

相比其他酒类，啤酒的度数较低，而且有气体，不容易喝多。喝啤酒还容易上厕所，如果你感觉有人图谋不轨，可以借故上厕所溜走或者打电话求助。很多女性有这样的认识误区：喝啤酒容易长胖。其实，相比白酒和红酒，啤酒的热量是最低的。如果可以选择，啤酒最优，其次是红酒，再次是白酒，最后才是洋酒。

3. 不要喝混酒

不同浓度的酒精进入身体，会迅速加重肝脏的负荷，肝脏处理不过来，大量乙醛无法代谢为乙酸，这会让人更快醉酒。因此，你一旦喝了一种酒，再有人劝你尝尝其他酒类，千万要拒绝。另外，很多女生喜欢喝鸡尾酒，五颜六色，容易入口，它们通常还有一个很浪漫的名字，但事实上，有些鸡尾酒烈性很强，比如玛格丽特、马天尼、长岛冰茶等，千万不要被它们美丽的外衣所迷惑。

4. 喝酒的同时要不断喝水

喝水能够稀释血液中酒精的浓度，减少醉酒反应。另外，喝水能够促进排尿，加速酒精排出体外，还可以喝一些豆浆或酸奶，它们有保护肝脏、帮助解酒的功效。注意：喝酒时不要喝碳酸饮料，这类饮料中的成分会加快身体吸收酒精。

5. 必要时可以催吐

当你觉得自己已经喝得有点儿过量，而又没办法拒绝继续喝酒时，可以马上采用催吐的方法预防醉酒。但要注意，这种做法对胃和食管的伤害很大，是不得已而为之的办法，千万不要经常使用。

（六）警惕饮料中混入第三代毒品

第三代毒品一般是指第二代化学合成毒品的变种，是不法分子为逃避打击而对管制毒品进行化学结构修饰得到的毒品类似物，其危害性同合成毒品类似，以引起兴奋、致幻反应为主，其会对神经系统造成严重损害。近几年来在个别年轻人群体中流行的"听话水""乖乖水""诱惑水"等软性毒品，都是以第三代毒品为主原料。这些毒品在低剂量服用时会使人产生欣快感，而高剂量服用则会产生强镇定作用，使人昏睡、昏迷甚至死亡，其与酒精并用，危险性更高。这种药常被用来实施性犯罪，性侵视频常被用作诈骗、要挟手段，有些视频还被网络售卖或者上传色情网站，甚至成为药物效果的"广告宣传"。令人觉得可怕的是，在网购平台上，相关商品却能被轻易找到，一些甚至在药品文案中标明服用后有失忆、催情、昏睡等效果。一些不法分子为规避监管，将其名称改为"听话水""回春液"等，把其作为"成人保健品"或"成人香水"等进行销售，交易方式也采取 QQ 或微信等。这就意味着不少女性，尤其是未成年女性，都面临着潜在风险。因此，女性一定要特别警惕有可能混入新型毒品的饮料，尤其在参加聚会、应酬等活动时，不要随便喝别人递来的饮料和酒水，饮料和酒水不离手（眼），要做好充分的安全防范。（信息来源：央视网快看）

五、女性单独晚归乘坐电梯安全防范与危机处理

电梯作为窄小的密闭空间，其实也是犯罪分子作案的理想地点。电梯中虽然通常装有监控摄像，然而它只能让外界发现危险，却无法立即阻止我们受到伤害。因此，女性在单独乘坐电梯时，一定要提高警惕，随时防范，以免深陷危险。

（一）尽量避免深夜独自乘坐电梯

现实生活中发生的女性电梯遇袭案件，很多都是在女性夜晚加班后独自乘坐写字楼电梯，或夜晚回家时独自乘坐住宅电梯时发生的。可见，"夜晚"和"单独"这两个情境是女性乘坐电梯时绝对要警觉的因素。因此，女性如果不是遇到紧急或特殊情况，要尽量避免深夜独自乘坐电梯。如果必须独自面对，要提高警惕，做好防范，学会熟练运用一些防范手段或策略为自己保驾护航。

（二）对单独与自己同乘电梯的异性保持警惕

对于需要单独乘坐电梯的女性来说，保持警惕与防范不是从电梯间发生异常开始的，而是在进入电梯前就要格外注意。一旦进入封闭的空间，逃离危险的机会就会大大减少。因此，我们必须把风险控制在电梯门外，控制在危险出现之前。

1. 进入电梯间前，要留意是否有人尾随，是否有陌生男性站在身旁一同等待电梯。"他"是否呈酒后的状态，是否穿着不雅、举止猥琐、言语粗俗、眼神不正，是否有偷偷打量你。一旦发现可疑，最好借故离开一会儿，选择等待下一班电梯。

2. 等到电梯，在上电梯前，如果发现电梯内站着一位陌生男性，同样按照上面所述，快速地进行观察和判断。如有可疑，借故不上电梯，再等下一趟。

3. 在单独乘坐电梯的过程中，如果中途进入一位陌生男性，我们要观察他的体貌特征和行为举止。如果对方神色诡异、有打量你的动作、迟迟不按楼层、站在你正后方等（故意贴近），要迅速提高警觉，尽快按下最近的楼层，换乘电梯。

4. 要记住，不是所有的熟人都是安全的。相熟的同事或邻居也可能深藏危机，千万不要疏忽大意。

总之，为了安全起见，夜晚尽量不和可疑男子单独同乘电梯。

（三）进入电梯后不要先按下楼层按钮

当女性单独与陌生异性乘坐电梯时，要注意关注对方选择的楼层。女性最好不要先按下楼层按钮，要等待对方先按下楼层按钮。如果对方迟迟不选择楼层，一定要提高警惕，尽快离开电梯。通常来说，在电梯内实施作案的犯罪分子会等待你按下楼层后再按下比你更高的楼层，这样他就有更多时间对你实施侵害。尤其是深夜时分，当对方先按下楼层按钮后，我们最好不要选择自己所住的楼层，而是选择高一层的楼层，避免"踩点"的歹徒获悉你家的具体位置。

（四）站靠在离控制按钮较近的地方

女性在夜晚单独乘坐电梯时，尽量不要站在电梯最里面，如遇陌生男性，既不要站在他身后，也不要背对他站立，要尽量站在离控制按钮较近的地方。一旦遇到突发侵害，这样方便按下呼救键（在平时要注意电梯呼救键的位置）。如遇"色狼"，可以瞬间按下所有楼层，让电梯在每一层都开门，给自己赢得更多的逃跑和呼救机会，也让犯罪分子产生恐惧心理。

（五）有时可以选择走楼梯

如果我们工作或居住的楼层并不高，当我们独自下班或独自回家时，有时可以选择走楼梯。也许楼梯间空无一人看起来十分可怕，但是它相比于电梯来说至少不是密闭空间。在楼梯间遭遇犯罪分子，我们至少还有大声呼喊和逃跑的机会。通常来说犯罪分子不会在楼梯间守株待兔，尤其是高层建筑的楼梯间罕有人走，即便有人走也未必会到达其等待的楼层。楼梯间如果发生较大动静，也更容易被其他人发现。当然，这里需要格外注意的是：要避免因经常性走楼梯而被不法分子提前"惦记"。有些女性出于健身或减肥的目的经常性走楼梯，这已经成为她们的一种生活习惯。尤其在有时间规律的夜晚加班后或夜归时，单独走楼梯就会产生另外一种不安全因素，要绝对避免在楼梯间被"居心不良"之人伺机实施侵犯。

六、女性单独夜（晨）跑安全防范与危机处理技巧

现代生活节奏加快，在996工作模式下，人们很难有集中的时间和精力从

事锻炼活动。所以，越来越多的上班族加入"夜跑或晨跑"的队伍中，这样既锻炼身体，又节约时间。对于女性来说，夜跑或晨跑还不用担心晒伤晒黑，又不影响照顾孩子，这是一种非常适宜的锻炼方式。但是，近年来，女性独自夜跑遭遇侵害的案件频频发生，这给我们敲响了警钟。

（一）夜（晨）跑的时间要适宜

夜（晨）跑的时间都是在清早和晚上，这个时段路上行人较少，光线不充足，对于独自跑步的女性来说，安全系数较低。因此，尽量不要选择过早或过晚的时间段外出跑步。女性晨跑一般不要早于6点，夜跑不要晚于晚上10点。如果是冬季，时间上还要进行调整。

（二）尽量选择熟悉、安全的路线

夜（晨）跑时要尽量选择比较熟悉且相对安全的路线。而这样的路线最好同时符合以下几点要求：光线不昏暗，地点不偏僻，环境相对开放，有来往人员，离自己的住所较近，信号良好且沿途有监控设备。注意：以上条件需要同时满足！慎选临近公园的幽静小路、深夜无人通行的校园小路、灯光昏暗的马路，等等。如果想要挑战一条新路线，要尽量选择人多、活动密集的地点。

这里需要注意一点：为防止有人别有用心，暗中观察和记录你的常跑路线，伺机实施侵害，你最好不定期改变一下跑步路线。

（三）提前把路线告知亲友

女性跑友独自外出夜（晨）跑具有不安全因素，最好在外出之前把跑步的时间和路线告诉亲友，一旦发生意外，他们可以第一时间找到你。

（四）穿着简单舒适、方便识别，不过于暴露

女性独自夜（晨）跑时最好选择带有夜光标志的跑鞋和颜色鲜亮的运动服，便于路上开车司机察觉，更多地保障自己的安全。夏天夜（晨）跑时的着装不宜过分性感、时尚，颜色和款式尽量中性一些，避免让不法分子心生歹念。此外，不要戴戒指、耳环和项链等贵重首饰和携带过多现金，只需要带上够打车回家以及夜跑途中买水的零钱。

（五）带上手机，但最好别戴耳机

女性独自夜（晨）跑时要随身带上手机，以方便联络或应对突发情况。要看管好手机，不要在跑步中遗落；要提前给手机充好电，避免发生紧急情况时无法联络他人或报警。此外，很多跑友在跑步过程中喜欢戴耳机听音乐，这样跑起步来感觉更加振奋轻松。但是，音乐会降低你对周围车辆、陌生人员、宠物、脚下路况等的感受力，分散你的注意力，从而给你带来更多的安全隐患。所以，最好不要戴着耳机听音乐，或者将音量调低，或者只戴一只耳机，要时刻保持对周围环境的警惕和防范。

(六) 小心陌生男子搭讪

跑步搭讪虽然有"互动社交"的功能，但也滋生了危险。女性跑友如果在路上遇到陌生男性搭讪，尽可能不要和他多说话，并尽快跑往人群密集处，或路边便利店等公共设施。如果他问你要微信或者其他联系方式，更不要轻易告知，谨防诈骗等犯罪行为。

(七) 自备一些防狼用品

女性单独外出时可以随身携带一些小器具进行安全防范。例如，夜间独行时可以随身带一只小哨子，方便易携带。当遇到危险时吹响哨子，一来可以吓退坏人，二来也可以用哨声呼救，寻求帮助。另外，还可以自制辣椒喷雾剂，用小喷瓶分装好，平时在床头、包包里都备一些。一旦遭遇意外侵害，就冲着不法分子的脸和眼睛喷射，这样可以趁对方应激反应时抓紧逃脱。注意：喷的时候尽量把胳膊伸直，离自己远点儿，酒精挥发性强，不要连带误伤了自己。

这里要说明一点：有些女性会准备一把小刀在身边，认为必要的时候可以用其反击和自保，其实这是十分错误的做法。任何具有致命伤害性的工具，当身体力量比悬殊的时候，都可能被对方利用，成为最终伤害自己的凶器。

七、女性单独出游安全防范与危机处理

现代社会，女性越来越独立，越来越追求生活品位。很多女性会在方便之余将自己从繁忙的生活节奏中解脱出来，来一段"说走就走"的旅行。大多数女性出游都会选择结伴而行，但也有些人更喜欢独行的纯粹与洒脱，这也是放松自我、与心灵对话的好机会。但是，女性单独出游会面临更多的安全风险，需要时刻提高警惕，加强防范。

(一) 慎重选择出游的地区和景点

女性单独出游，安全保障是第一要义。出游的路线和地点，除了要考虑风景好、有特色等因素之外，更要看重它的安全性和舒适性。要选择那些风景秀丽、交通便捷、食宿方便卫生、客源充足、配套设施完备、适合女性观光体验的地点，尽量不要选择高危、险峻、偏僻、治安差、民风彪悍、文化和民情复杂的地点。

(二) 提前合理计划行程并告知家人

"说走就走"不代表毫无计划，盲目出行。出于安全考虑，女性独自出游更要提前做好计划。目的地选择好了，要结合预算和天气状况，合理计划出游的路线、时间、交通工具、食宿、沿路活动安排等等，还要设计好备选方案。此外，要将出行的计划，尤其是目的地、往返时间、同行人员、联系电话、沿途活动安排等情况告知家人或其他亲密的朋友，沿途经常沟通分享，到站报个

平安，以便使家人和朋友及时了解出行情况、方便联系或做应急处理。特别是那些在校女大学生或刚工作的年轻女性，她们独自出游时容易放飞自我，随性为之，其面临的风险也是比较大的。要特别注意做好计划并加强联系。

（三）全程提高安全防范意识

女性单独出游，要全程提高安全防范意识，随时做好应对安全风险的准备。

1. 全程保持绝对的通讯畅通。行程中要看管好手机，要及时充电，要尽量回避信号不好的地方，并且经常主动与家人联系。

2. 女性单独出游时要尽量避免自驾游，最好搭乘火车、公交车、地铁、出租车等公共交通工具。

3. 出行过程中要注意不露肉，不露财，不露底，不露头。

4. 住宿要选择正规宾馆，尽量不住火车站、汽车站周边的宾馆。如果选择特色民宿，要选那些客源多、口碑好、安保设施齐备、服务周到的地方。

5. 在酒店看好路线后再出发，不要拿着地图在路口左顾右盼。

6. 独自出游避免晚归，尽量早些回宾馆休息。晨跑、夜跑或其他单独外出时要时刻保持防范意识。

7. 参加当地娱乐活动时要高度警惕，夜晚不到娱乐场所，全程避免饮酒。

8. 慎用定位工具，慎发定位，慎发朋友圈，不要暴露"独行""具体住宿地点""具体出游地点""具体出游行程"等信息。

9. 热闹莫看，便宜莫贪，对陌生人的搭讪和邀请保持警惕。

10. 不要轻易相信能"邂逅爱情"。对于来自异性的特殊关照要保持警惕，不要随便"爱上"他人。

八、女性单独入住宾馆安全防范与危机处理

现代女性出于工作、学习、休闲等需要，有时候会单独出行，入住宾馆。2016 年发生的北京和颐酒店女生遇袭案件曾引发社会对女性独自入住宾馆安全问题的广泛关注和讨论。而近年来屡被曝光的酒店房间内私装摄像头偷拍事件，再一次诱发了民众对公共安全危机的心理恐慌。对于单身女性来说，入住宾馆要注意加强自我安全防范。

（一）务必要选择正规、有安全保障的宾馆

女性独自入住宾馆，一定要选择有安全保障的宾馆，千万不要图便宜或图省事儿，随随便便找一家小旅馆住下。女性独自出门在外，宁肯多花一点儿钱，也要一切以健康和安全为重。那么，什么样的宾馆是相对安全的呢？一般来说，星级较高、品牌知名度较高、周围交通便捷、在业内有良好服务口碑的宾馆，其安保与服务措施是相对较好的。这说明，在选择入住的宾馆时，在价

格预算范围之内，我们要注意从宾馆的交通环境、周围环境、卫生与服务管理、服务设施等多方面去考虑，可以提前在网上查询，结合宾馆的具体情况以及顾客评价做出选择。一般来说，价格高的宾馆安保等级较高，但是价格相对便宜的也不代表不安全。例如，一些口碑良好的连锁快捷酒店，价格适中，交通便捷，经济实用，服务配套相对完善，也是不错的选择。女性独自在外要尽量避免住在那些地处偏僻、客源不多、周围环境混杂（临近娱乐场所、火车站、汽车站等）的宾馆。

（二）前台登记时留心观察周围的情况

在贵阳某酒店入住女客人遭陌生男子入室性侵一案中，受害人林女士独自入住宾馆，她就是在前台办理登记时遇到侵害人杨某。杨某见其面容姣好，动了邪念，趁机悄悄记下了林女士的房间号，晚上强行入室实施了性侵。因此，女性单独入住宾馆时一定要提高警惕。办理入住时，因为要与前台交换个人信息和住房信息，所以要特别留意周围的环境，看一看身旁是否有陌生人在暗中观察你，是否有人办理完手续后迟迟不离开，故意尾随你。在前台登记房号的时候，有素养的服务员在递交给你房卡时，一般不会当着其他顾客的面把你的房号念出来。如果有不太懂事的服务员念了房号，你可以委婉提醒她给你换一个房间。

（三）第一时间检查房间内的设施设备

女性单独入住宾馆的第一时间要全面检查一下房间。门锁是否完好？窗户是否能锁紧？电话设备是否能正常使用？橱柜内是否有可疑物品？门上和墙上是否有隐蔽的小洞？房间内是否有双向镜（如果不敢确定，可以将镜子用衣服或者其他物品遮起来）？是否有警报器和逃生通道？要避免住在一楼或者从外面容易进入的房间，比如有阳台或者安全出口的房间。最好预定一个离电梯近且远离出口的房间。

在所有的设备检查中，我们最需要注意的是房间内是否隐蔽安装了摄像头。我们可以采用以下几种方法来试试：（1）关闭房间灯，拉上窗帘，让房间处于完全黑暗的状态，打开手机照相功能，绕房间转一圈，如发现屏幕上有红点，这可能是安装针孔摄像头的地方。但是，此法只适用于检测安装有红外线补光灯的摄像头。（2）对于普通摄像头，我们可以用手电筒寻找反光物。（3）在睡觉前关闭房间的总电源。摄像头一般都需在隐蔽的地方拉一根电源线过去，或安装在电器里面，断电可限制其使用。

（四）注意保管好房卡

一般酒店都会用一个房卡套装房卡，并在房卡套上写上房间号和酒店地址。我们一定要保存好房卡，防止被不法分子捡到伺机利用。我们可以把房卡套与房卡分离，卡套放置于房间抽屉内，房卡随身携带。此外，一定要注意，在任何情况下，我们都不要对外泄露房卡信息，更不能出借房卡（男性、女性同样戒备）。

（五）随手锁门

在 2021 年 7 月 30 日发生的某酒店男子夜半闯入顾客房间一案中，有一个关于"锁门"的细节引起了很多争议。有人指责之所以会发生这种情况，是因为受害女生没有关好门。我们非常不赞成这种典型的"受害者有罪论"的观点，即便没有关门，也不代表其他人可以未经允许私自闯入。但是从中我们也要得到教训和警示，女性独自入住宾馆时一定要提高自己的防范意识，随手关门并确保关紧、关住。有的宾馆门锁很僵硬，有时候你以为自己关上门了，实际上门锁压根没卡死，处于一种半卡住的状态，只要从外面用力一推就能打开。因此，我们在关门后要用力抵一把门，听到"咔"的一声，这才说明门真的锁上了。

（六）切莫随意给任何人开门

一个人在宾馆的时候，如果有人敲门，别随口答应，先看看外面是谁再回应，更不能轻易开门。如果对方回答是服务生，自己从门镜中看一下，或者先致电服务台询问是否有这回事再说。如果是不认识的人要求进房间查看，千万别开，赶紧给前台打电话或者报警。

（七）掌握一些安全防范的小技巧

女性单独入住宾馆时可以巧用一些身边的小物件进行门锁的安全防范。例如，防盗栓里塞纸团。入住酒店后要锁好门，并拴好防盗链。插上防盗链后，在防盗链的锁眼入口处，可以塞入纸团，这样就无法从外面打开防盗链了。再如，巧用衣架、椅子来固定门锁。可以试试用衣架把门锁固定，还可以在房间内找一把椅子，放置于门把手下方，制造一个牢固的三角区。这样就算有人在门外开门或撞击，门也不会轻易被打开，我们可以争取更多的报警和求救时间！又如，巧用玻璃杯来发出警告。可以将两个玻璃杯叠放到门把手上，一旦有人想从外面开门，玻璃杯就会掉落，发出较大的声响，一来可以让自己快速清醒，二来可以震慑别人，把对方吓跑。

（八）机智面对紧急或危险情况

女性单独入住宾馆时，一旦遇到紧急或危险情况，要尽量保持冷静，机智应对。

1. 若遇到有人强行入室侵害你，要想办法努力逃到房间外。如果周围无人，别喊"救命"，大喊"着火了"，或者干脆砸坏消防报警器，引发消防警报，房里的人统统跑出来，围观人员迅速增多，利于女生脱险；如果周围有人，可以选定一个离你最近且有能力帮你的人，大声持续呼救，如"那个穿制服的人救救我"；如果围观人群一时搞不清状况而犹豫，无人施救，可以冲过去抢夺一个人的包或手机，扔到地上砸坏或踩坏，情急之下甚至可以扇他一个巴掌，对方往往会跟你不依不饶，或直接报警处理，此时正好可以阻止、震慑侵害你的人。

2. 女性在和歹徒产生肢体冲突时，最好坐在地上，或干脆趴到地上，以增加歹徒转移你的难度，也可以挥舞手上的工具，对方则更难把你弄走。

3. 如果有人救了你，获救之后要留在人流量较大的公共场合，以免"救人者"是犯罪老手设的另一个圈套。

九、女性单独约见异性网友、相亲对象安全防范与危机处理

在浩瀚无边的网络虚拟世界里，到处都是猎艳者设下的美丽陷阱，稍有不慎就会陷入其中，不知有多少单纯追爱的女性被这张网络笼罩下的黑幕所欺骗。因此，女性只身面见异性网友或相亲对象前，一定要谨慎评估安全风险，做好充分的安全防范，切莫因一时盲目、疏忽或过于自信，遭受生命、财产、健康、情感等多方面的侵害。

（一）与异性网友、相亲对象见面之前先确定对方身份

网络存在很大的欺骗性，不要盲目相信你通过网络交流所获取的对方信息或初步评价。在约见异性网友或相亲对象之前，一定要仔细确认对方的身份。建议在线下见面前先进行一次"视频通话"，确定对方的性别、长相，并努力从对方的神情、语言表达中初步判断对方的可信度和真诚度。切记不能听信"来了再见吧，想给你一个惊喜"这类说法。对方如果拒绝视频通话，就取消约见网友的计划，要把自己的安全放在第一位。

同样，在相亲之前，不管是亲朋好友介绍的，还是各类网站认识的，抑或是相亲公司安排的，一定要先核对对方的身份，比如看看对方的身份证、学历证明或者对方在公司的工作证明等等，然后私下里打听一下这些信息是否真实。在线下见面之前，最好也先进行一次"视频见面"。如果觉得不合适，就没必要再安排线下接触。

（二）见面的时间和地点尽量由自己进行安排

对于约见异性网友、相亲对象这种事情，大多数女性都让对方决定时间和地点，这是严重的错误行为。线下异性见面，女性会面临更多风险，所以一定要自己掌握调控风险的主动权。首先是见面的时间，最好把时间约在中午十点到下午两点之间，尽量不要约在晚上，尤其是晚餐后，白天比夜晚更安全。其次，见面的地点要在市中心，可以选择一些安静的咖啡馆或者相亲中介特意安

排的场所，不要去那些树林比较多的公园之类的景点，不要到偏僻的地方，不要去自己没有去过或不熟悉的地方，更不要去对方口中所说的那些特色民宿、私人会所、朋友开的酒吧、酒店等等，以确保自己的人身安全。

（三）把见面的信息提前告知亲人或朋友

女性与异性网友见面，尽量不要只身前往，最好带上一个朋友一起参加，这样既可以化解初次见面的尴尬，又能大大提高安全系数。如果是单独赴约（一般情况下，相亲都是单独赴约），一定要提前把与人见面的信息告知家人或相熟的朋友，尽量避免在任何人都不知道的情况下，自己只身与陌生异性见面，也可以在见面的过程中直接打电话、发语音微信给亲人或朋友，假装不经意间与亲友谈起，这样可以在一定程度上打消对方的不轨之心。

（四）见面谈话绝不谈论自己的"家底"

女性在与异性网友或相亲对象见面的时候，要特别注意谈论的话题，毕竟之前对对方的了解都是"听别人说""听对方说"，可以礼貌含蓄地多问问对方的信息、经历、对某件事的看法，以此来判断对方的性格、性情和价值观。要注意多听少说，要坚持基本信息会说、重要信息少说、敏感信息不说。例如，具体住址、工资收入、投资经历、生活作息习惯、家庭收入、父母的工作及岗位，等等，都属于敏感隐私信息。要特别注意"不露底"，以免遇到心怀不轨之人。

（五）不喝男方主动提供的饮料或离手饮料

在女性单独约见异性网友受侵害的案例中，常出现男性利用饮料迷晕（醉）女方，然后将其带至宾馆进行性侵或拍裸照进行敲诈勒索的情况。因此，女性在单独约见不相熟的异性朋友时，有一个细节要格外注意：那就是不喝男方带来的或递来的饮料，不喝离过手的饮料（中途去洗手间、外出接打电话，等等），以避免被心怀不轨之人趁机在饮料中下药。在约会过程中，女性可以主动购买饮料，或单点饮料；如果中途离开，回座后要么不再喝杯中饮料，要么就重换一杯。

注意：女性单独与异性约会时，尽量不饮酒！

（六）后续活动避开"危险地带"

很多网友或相亲的朋友在见面后觉得对方还不错，如果时间还不晚，会选择一些后续活动，双方继续接触交流一下。对于单独约见异性朋友的女性来说，如要进行后续活动，切记一定要避开以下"危险地带"：夜店，KTV，男方的车内，僻静的公园，对方的家里，自己的住宅，酒店（开房），以及其他环境复杂、人员较少、相对封闭、带有性指向的地点，以避免因两人私密接触而产生的安全侵害。

十、女性遭受"不安全分手"安全防范与危机处理

所谓"不安全分手",是指在婚恋关系中,一方提出分手后,被另一方反复纠缠、报复、侵害的情况。在现实生活中,遭遇分手报复的侵害时有发生。在分手施暴的案例中,女性遭受施暴的比例是男性的十多倍。由此可见,不安全分手的受害者多为女方,以及和女方亲近的人,侵害的方式包括物理伤害、名誉伤害、心理伤害等等。因此,女性要特别注意在亲密关系中防范"不安全分手"。

(一)识别危险人物:和什么样的人分手可能不安全?

在恋爱和婚姻过程中如果发现男方有这些性格特点或者惯常行为,女方在提出分手的时候需要提高警惕:

1. 性格偏激、自大、自卑、爱计较、好嫉妒

对于有这些性格特点的男性而言,"分手"不仅仅是两个人结束婚恋关系这么简单。对他们来说,分手也许还意味着自尊心被伤害,意味着人格被轻视,意味着在恋爱这件事上所有的"投资"打了水漂等等,而这些事情都很容易激发他们巨大的负面情绪,甚至使他们做出一些过激行为。

2. 平时存在暴力、亲密恐吓等危险行为

在婚恋关系中,如果对方常常有一些暴力行为,或者恐吓威胁行为,那么你在分手时也需要格外谨慎。即便恋爱中对方没有将攻击性指向你,你一直是安全的,但在"分手"这件事上,你就可能成为被攻击的对象。

3. 控制欲强

对方如果有以下行为特点,这可能提示你,他是一个"控制欲强,分手后可能会死缠烂打"的人,要特别小心:

(1)夺命连环 Call 狂人:当你有一段时间忘记回他的信息,他会非常紧张地给你打很多电话,直到联系上你为止;

(2)事无巨细"偷窥狂":他需要知道你的一切,恨不得要你报备每天的日程,甚至要对你好友的情况和情感史了如指掌;

(3)如影随形"黏人精":他很黏人,而这种亲密已经开始让你感到窒息,他从追求你到在一起之后都和你黏在一起,几乎不会给你独处的空隙;

(4)"都听我的"霸道总裁:他可能并不会真正在意你的感受和决定,把自己觉得好的强加给你,不容拒绝等等。

4. 对女性充满敌意、平时经常贬低女性

对方如果有以下行为特征,你要注意,与这样的男性分手时,他很可能会"理所当然"地惩罚你。

（1）在你给他提建议的时候，他会不屑地说"女人家家懂什么"；

（2）在看到女性被家暴的新闻时，他会认同地说"这样的女人就该教训教训"；

（3）在你和他意见不一致的时候，他会非常强硬地使用"都听我的""不要你觉得，我要我觉得，你觉得没用"等语言，而不会和你商量。

（二）避免不当方式：什么形式的分手可能不安全？

除了要关注分手的对象，女性在分手时也要尽可能避免不恰当的方式。分手这件事意味着分离和结束，本身就是一件容易让人受伤的事情，如果分手方式再不恰当，无异于在伤口上撒盐，容易让对方做出报复、纠缠不清等不安全行为。

1. 理由不当

一些人在分手时情绪激动，他们常常争吵、互相指责，一味地把错误归结到对方身上；另外一些人在分手时则不给理由，或者给一些让对方觉得是借口的理由。这种不明不白的分手理由会让对方愤怒，难以起到有效沟通的作用。

2. 方式不当

许多令人难以释怀或者造成二次伤害的分手往往是因为方式不恰当。例如，通过一条短信、微信，或者一个电话就草草结束感情。

3. 分手后处理不当

分手之后依然纠缠不清，时而亲密时而疏远也是不恰当的处理方式。分手后反反复复和好、决裂、藕断丝连会消耗彼此的情绪和情感，反反复复和好后再次分手，对方会觉得受到了反复的伤害。

（三）做好安全防范：怎样分手更安全？

我们从分手前、分手时和分手后分别探讨女性如何分手有助于避免遭遇"不安全分手"。

1. 分手前做好准备

分手之前做好准备，包括自己的准备以及对方的准备。难以让人接受的分手往往是毫无征兆、莫名其妙、突如其来的。因此，在分手之前，我们要注意把握"知己知彼、有情有理、坚持立场"的分手原则。

（1）"知己知彼"："知己"即确认自己是否已经下了分手的决心，"知彼"则是判断一下伴侣是否属于危险人物，然后根据对方的性格和行为模式，选择合适的分手方式；

（2）"有情有理"：既表达出对这段感情真诚的肯定，又给出不攻击、不伤害对方的分手理由；

（3）"坚持立场"：尽可能多地预想可能出现的情境，以及如何坚定自己的立场。

2. 分手时态度平和

分手的过程尽量平静温和，要尽可能避免伤害。因为分手本身是一件容易使人感到被抛弃、被伤害的事情，所以在分手时，要尽量保证双方情绪平和，注意把握"天时""地利""人和"的分手原则。

（1）"天时"：分手的时候，要尽量选择一个恰当的时机，在双方情绪稳定、可以有效沟通的时候提出分手。

（2）"地利"：选择合适的分手地点，尽量避免潜在的危险发生。

（3）"人和"：双方心平气和，真诚沟通，如果可以的话，双方可以就分手开诚布公地聊天、沟通，尽可能地把伤害程度降到最低。

3. 分手后保持距离

分手后彼此祝福，保持距离很重要。不管之前的关系有多么亲密，一旦分手，两个人最好保持明确的界限。因此，分手之后，我们要注意把握"不来往""不回头""嘴软心硬"的分手原则。

（1）"不来往"：分手以后尽量不再往来，要杜绝界限不清的行为，尤其要杜绝以谈分手条件为由而单独与对方见面，以免招致对方报复侵害。

（2）"不回头"：一旦决定分手，就要坚持自己的原则，打起精神向前看，杜绝割舍不下、纠缠不清等行为，以免给自己带来更大的伤害。

（3）"嘴软心硬"：分手后如果需要与对方接触或沟通，要"嘴软心硬"。"嘴软"即注意自己的措辞，不要激怒对方，不要刻意在对方面前显示自己分手之后多么快乐，甚至炫耀现任的好；"心硬"即面对对方分手后提出的各种要求不要随便让步，要坚持自己的原则和底线。

（四）积极寻求救助：如果分手后，遭受报复怎么办？

假如我们真的遇到了分手之后被反复纠缠、被报复的情况，我们应该如何应对以及寻求帮助呢？

1. 求助亲友

一旦遭遇了"不安全分手"，女性会感到焦虑、抑郁，甚至恐惧。此时，女性的人身安全面临危险，心理安全同样遭受侵害。因此，要及时主动地向身边的家人、朋友、老师说明情况，寻求陪伴与帮助，让他们成为你的保护伞和智囊团。另外，让身边的人得知分手这件事也是对他们的一种保护。大量的案例说明，分手后被报复的对象不仅仅是女方自己，女方的现任男友、家人、亲密的朋友都是被报复的对象。

2. 求助法律、警察或相关机构

如果对方从经济、名誉上恐吓或伤害你，你可以拨打 12348 法律援助咨询热线，或者在网络上寻找靠谱的法律服务平台，寻求法律帮助。如果对方的行为已经对你造成了巨大的威胁或实质上的伤害，你可以报警或者向当地妇联寻求帮助。值得注意的是，在被恐吓、威胁、骚扰的时候，你最好将其恐吓威胁的证据搜集好，并且保存下来。

3. 求助心理咨询师

心理咨询可以帮助你处理被"不安全分手"伤害之后的焦虑、抑郁、恐惧等情绪，一方面给你情感上的支持，一方面使你重拾对生活的信心。如果你是在校的学生，可以直接去心理健康咨询中心寻求帮助；如果你所在的城市有正规三甲医院心理健康门诊，可以直接去寻求帮助；如果你所在的地方以上资源都没有，可以向一些靠谱的心理咨询平台求助。

十一、女性遭受"性骚扰"安全防范与危机处理

提到性骚扰，许多女性都会深有感触、深恶痛绝。不管是在拥挤不堪的公共汽车、漂亮豪华的办公室，还是在看似纯洁的校园里，总有一些人躲在阴暗的角落里伺机而动。

(一) 准确界定：什么是"性骚扰"？

2021 年 1 月 1 日起施行的《中华人民共和国民法典》，首次将禁止性骚扰明确规定在人格权篇中，明确违背他人意愿，以言语、文字、图像、肢体行为等方式对他人实施性骚扰的，应承担民事责任，并确立了单位的防止、制止义务，这为维护女性人格尊严起到了正向引导作用。这里的他人，是一个中性的概念，既可以指男性，又可以指女性。在现实生活中，大多数遭受性骚扰的是女性，所以我们在这里专门强调女性性骚扰防范的问题。

什么是"性骚扰"，目前还没有一个全球化的法律概念界定，因为这种行为与一个国家的文化传统、社会惯例、观念认知、生活方式等密切相关。根据我国的立法和司法实践，我们通常认为，违背当事人的意愿，实施一切与性有关的、侵犯他人的性自主权、对他人造成损害的行为，就是性骚扰。这种"性骚扰"行为具有性本质性、不合理性、严重性和受害人排斥性。我们通常认为，动手动脚算得上是性骚扰，但是在这个网络化、信息化的时代，有些"意淫"同样满足了性骚扰者的欲望，同样对他人造成了精神上的不适乃至侵害，故通过文字、图像等方式传播带有性暗示的、侵犯他人人格权的不良内容，这种行为也被纳入性骚扰的范畴。另外，一些用词暧昧、带有性暗示的挑逗，讲黄段子，开情色玩笑等使被骚扰对象难堪的言语行为都将构成性骚扰。

(二) 把握关键：什么情况下容易遭遇"性骚扰"？

调查显示，中国 84％的女性遭受过不同形式的性骚扰，这其中，50％的

性骚扰来自工作场所。受骚扰最多的是 30 岁以下的未婚女性。性骚扰的方式有一半是不必要的身体触摸或摩擦，其次是向受骚扰者提出性要求。在受骚扰的女性中，96％遭受了情绪上的痛苦，35％的人身体受到伤害。我们要清晰地掌握女性容易遭受性骚扰的各种环境、表现方式，这样才能做好有效预防和及时止损。

1. 女性在公共场所遭遇陌生人的性骚扰

女性在公共场所遭遇陌生人的性骚扰通常表现为：

（1）实施性骚扰的地点通常在公交车上、地铁里、电梯内、大街上、公园或校园僻静的路上，有些性骚扰也来自网络。

（2）实施性骚扰的手段通常是"咸猪手""露阴癖""搭讪男""偷窥狂"，等等。

2. 女性在私密场合遭遇熟人的性骚扰

女性在私密场合遭遇熟人的性骚扰通常表现为：

（1）实施性骚扰的熟人往往是邻居、亲戚长辈、同学、老师、家教、同事、上司、客户、前男友等等。

（2）实施性骚扰的环境通常是在办公室、教室、单身宿舍、自己家里、邻居家里、出差途中、应酬酒局等。

（3）实施性骚扰的手段通常是：①女性遭遇邻居、亲戚长辈、家教、前男友等这类熟人侵害的情况，往往是侵害人借助女生来家里或直接到女生家里做客、吃饭、看电视、玩游戏、谈事情、拿东西、授课等方式，在独处时对女生进行性骚扰；②女性遭遇老师这类熟人侵害的情况，往往是侵害人借助经常性微信问候、约单独吃饭、聊私密话题、长辈关心抚慰、邀请去家里聊论文或毕业工作，以获取学业提升机会为诱惑或以阻断毕业相要挟等方式进行性骚扰；③女性遭遇同事、上司、客户等这类熟人侵害的情况，往往是侵害人借助经常性微信问候、约单独吃饭、聊私密话题、被劝酒，以获取更多职业回报为诱惑或者以阻断职业发展机会相要挟等方式进行性骚扰。

（三）加强防范：如何避免"性骚扰"？

从近些年来被曝光的多起性骚扰案件来看，这种违法行为往往发生在私密地点、私密时刻，并且持续时间短，受害人往往因为处于弱势地位或准备不及等难以进行事后取证，这给自身维权造成很大的阻碍。因此，避免遭受"性骚扰"的最佳策略就是事前积极防范。

1. 公共场所性骚扰防范重点

通常情况下，这种性骚扰是通过身体的不正当接触、摩擦，语言挑逗、暴露、猥亵等行为实施的。所以，女性防范的重点就是避免过密身体接触、避免只身一人。

2. 导师性骚扰、职场性骚扰防范重点

通常情况下，这两种性骚扰会经历"巧设陷阱、穷追不舍、原形毕露"三个阶段。要识破对方在不同阶段的目的和表现形式，以采取相应的防范措施。

（1）树立形象。女性避免遭受性骚扰，要努力先从自身做起。在平时的生活、工作和学习中，尤其在与异性导师、同事、领导、朋友接触的时候，要树立一个端庄、正派、有原则、有尺度的社会形象，穿着得体（不暴露），举止优雅（不轻浮），语言文明（不随便），态度积极端正（不拜金，不贪图虚荣，不肤浅），以免让心怀不轨之人认为有便宜可占。

（2）把握尺度。在社会交往中，要遵守异性交往的基本原则，尤其要把握好交往的"尺度"。不与异性开过分的玩笑，不与对方打打闹闹，不与对方做亲昵的动作，也不要与对方无原则地交心。这些行为一旦越界，可能会释放出"我俩关系很亲密""我很喜欢你""我是个开放的人"等错误信号，让对方或周围的人产生误会，也容易使别有用心之人趁虚而入。

（3）减少接触。无论是在校园中，还是在职场上，男女两性除了正常的学习、工作之外，女性出于人身安全和性安全的考虑，要尽量回避私下里的单独接触，减少与异性独处的机会。比如，男导师约女学生私下单独吃饭，夜晚值班时找女学生单独聊天，下班后男领导单独开车送女下属回家，男同事提出与自己单独加班，等等，这些行为可能会在单独接触中发生"越界"，我们要尽量避免。

（4）及时察觉。男女在正常的社会交往中，语言、举止、神态、眼神、行为等方面是符合社交礼仪和沟通规则的。表达肯定和欣赏，与表达爱慕与占有是完全不一样的。前者建立在尊重的基础之上，表现为关注、支持、配合、帮助、指导，语言上不冒犯，行为上不轻浮；后者可能是以逗引、利诱、威胁、恐吓等为方式，表现为过分关心、过分亲昵、学业要挟、岗位限制等，存在性暗示，甚至是性强制。女性在与其接触的过程中，只要有戒备心和防范心，就能够及时察觉对方的坏心思。

（5）抵御诱惑。对方无论以何种理由接近你、触碰你、控制你、威胁你，"骚扰"本身就是一种对女性极不尊重的行为。当我们面临这种境况时，尤其面对对方的诱惑条件，要坚持尊重自己，站稳立场，坚守原则，把握自己，切不可在深渊中与黑暗一起迷失堕落。

（四）勇敢应对：一旦遭遇"性骚扰"，该怎么办？

当你已经确定自己被骚扰了，而又无力躲避继续被骚扰时，那就应该勇敢地说出来，不要给那些人任何的幻想与机会，选择沉默和妥协只会让自己受到更大的伤害。

1. 保持镇定，不要慌张

大部分遭受性骚扰的年轻女性，对于潜在的危险和侵害缺乏判断力，没有应对紧急情况的方法和实践经验。因此，在事情突发时，她们往往会表现得非常慌张。但是，慌乱的表现不仅不能有效吓退侵害方，反而还有可能刺激对方，使自己遭到更为严重的侵害。所以，在面临不法侵害时，我们一定要保持镇静，切莫慌张。

2. 亮明态度，正面回绝

从实际来看，大多数遭受性骚扰的女生或职场女性，面对实施骚扰的男导师或男上司，都有一种唯唯诺诺的顺从心理，对方说什么就是什么，不敢反对。这也是有些不良之人敢于伸出罪恶之手的客观条件。但是，你越卑微顺从，他越肆意妄为。因此，面对即将发生的侵害，你务必在第一时间亮明态度，直言回绝，把对方猥琐的意图扼杀在摇篮里。

3. 寻找借口，尽快离开

学生和老师之间、下属和上司之间，是有一定交往界限的。对方一般不敢直接越过界限，实施不法侵害，在行事之前，对方往往会表现出想要跟你更近一步的迹象，以此来试探你的底线。所以，在对方未正式向你挑明意图或实施侵害前，你就要找借口离开现场，可以借口出去打电话，也可以借口去厕所，还可以借口有人在楼下等你吃饭等。总之，尽快找一个理由，赶紧离开。

4. 掌握证据，寻求帮助

根据《中华人民共和国民法典》的相关规定，一旦遭遇性骚扰主要有两种解决途径。一种是向单位领导投诉，另一种是向法院诉请行为人承担民事责任。这里有两点需要特别说明：第一，注意取证。受骚扰方无论选择哪种解决途径，都需要提交充分的证据。在日常交往中，你一旦发现对方有实施骚扰的倾向，就要注意收集和保存证据，可以在和对方谈话时录音、录视频，也可以请现场同行者作证，还可以要求调取现场的相关监控录像资料等。第二，勇敢向单位投诉。在《中华人民共和国民法典》颁布之前，有些单位是不愿意管性骚扰这种事情的，但是《中华人民共和国民法典》生效之后，单位就必须负担起责任。《中华人民共和国民法典》明确规定，机关、企业、学校等单位应当采取合理的预防、受理投诉、调查处置等措施，防止和制止利用职权、从属关系等实施性骚扰。所以，如果你向所在单位投诉，而单位却不受理，你可以将行为人（实施骚扰的人）以及你所在的单位一并告上法庭，要求其承担责任！

十二、女性遭受"亲密关系暴力"安全防范与危机处理

发生在亲密关系间的暴力事件不时挑动人们的神经，让我们在深感触目惊

心的同时，引发对"亲密关系暴力"的深思。

（一）认识亲密关系暴力的含义和类型

亲密关系暴力（Intimate Partner Violence，IPV），是指在亲密关系中（恋爱、同居、婚姻）一方对另一方采取暴力或强制行为，以达到控制另一方的目的。施暴者可能是约会对象、伴侣，或者是性伙伴。

亲密关系中的暴力比大多数人想象的更普遍。据联合国的一项研究数据显示，58％丧生的女性死于亲密爱人或家人之手。在家庭和情侣杀人案中，女性成为受害一方的占比达到80％以上。根据全国妇联统计，在中国4.3亿个家庭的背后，每7.4秒就有一位女性遭到丈夫殴打。在国内的离婚纠纷中，因家庭暴力导致的占14.86％，其中91.43％为男性施暴。从红枫妇女心理公益热线的案例来看，发生在亲密关系中的暴力行为的分布并无规律。有年龄大的，婚后遭受家暴几十年；有年轻的，恋爱期间就遭遇男友的暴力；有同居伙伴的暴力，也有离婚后前夫的骚扰和暴力；有打工女性群体的求助，也有女博士的求助……虽然极端恶性的案件占少数，但它们对受害妇女造成持续性身心伤害的影响是共通的。

我们对暴力的理解更多停留在肢体殴打、语言谩骂上，但实际上远不只是这些。亲密关系暴力包括身体暴力、语言暴力、性暴力、心理控制、冷暴力和经济控制。这几种类型往往并不是各自独立存在的，事实上，大多数受害者同时遭遇着几种形式的暴力。

（二）了解亲密关系暴力的特征

亲密关系暴力通常具有以下三个特征：

1. 它往往是隐蔽的而不是公开的

亲密关系中的暴力有着多重的隐蔽性。首先，空间的隐蔽。亲密关系中的暴力常常发生在两性独处或共同居住的空间内，这种相对封闭的空间为暴力者施暴提供了遮蔽条件。其次，心理的隐蔽。不少施暴者面对舆论的谴责、相关部门的训诫后，先是会表现出一副忏悔的样子，这种"真心悔过"可能只是缓兵之计，他们不久后又会原形毕露。最后，规训的隐蔽。这种形式可以称之为亲密关系中的PUA，即有些不健康的亲密关系运用"好奇—探索—着迷—摧毁—情感虐待"五步陷阱，通过表象上爱的付出，将伴侣据为己有，并且试图对其洗脑，让其自责、懊悔、惭愧，这也是亲密关系暴力的一种隐蔽形式。在这样的隐蔽性中，受暴者如果不主动寻求帮助或被"看见"的话，就难有重见天日之时。

2. 它往往是私人的而不是公共的

在社会文化传统和观念的影响下，我们往往倾向于将亲密关系中的暴力定义为"私事""家务事"。俗话说："各人自扫门前雪，莫管他人瓦上霜""宁拆一座庙，不毁一门亲"。有时候，插手别人的"私事"是令人纠结的做法。既然是"私人"的，就最好按照"私人"的方式解决，即内部调解。这样的私人性也往往使亲密关系暴力案件更加隐蔽。

3. 它往往是模糊的而不是明确的

古有云："清官难断家务事。"这句话意在表明家庭关系的复杂。亲密关系中的暴力也存在这样的情况。有时候，在外人看来属于暴力范畴的事，可能当事人双方都不认同，或只有一方认同，或介于认同与不认同之间。例如，夫妻因为某事发生矛盾，互相推推搡搡，丈夫不小心将妻子推倒在地，这是否属于家暴呢？再例如，妻子出轨，丈夫将妻子痛打一顿，这种激情行为属于家暴吗？再有，在现实生活中，如何界定亲密关系中的言语暴力（辱骂、咒骂）、冷暴力（刻意不理睬、回避）、符号暴力（如摔打锅碗瓢盆）？在这样的模糊性中，暴力的原因、形式、程度等都可能影响受暴者对处境的判断。

（三）掌握亲密关系暴力的表现形式

在不健康和不安全的亲密关系中，暴力的实施手段主要是控制、跟踪、虐待和威胁。第一，控制。即操纵者常常会不停地要求伴侣听话、乖一点儿，并通过对伴侣的日常生活的细节管理和规则制定来巩固支配地位。第二，跟踪。即监视伴侣的行踪、电脑、邮件、日记和电话，搜查其手机、钱包和资金流水。这种密不透气的高压跟踪监控，致使受害者陷入焦虑和恐惧之中，进而越来越恐惧普通社交。第三，虐待。即身体暴力或非身体暴力的形式，其不但会损伤受害者的身体，还能击溃其意志。长期生活在恐惧中会让受害女性深受疾病的折磨，比如心脏病、头痛、失眠和食欲减退。第四，威胁。这是施暴者最常使用的手段，亲人、朋友、宠物，甚至受害者与施暴者的性命，都可以成为操纵者胁迫的对象。

暴力伤害的本质不是暴力，而是操纵与控制。在这种亲密关系暴力中，施暴方往往表现出要掌握更多的权力和控制力，具体表现为：使用恐吓（例如利用打碎东西、毁坏财物、虐待宠物、显露凶器等动作或姿势让她害怕）、使用感情虐待（例如通过辱骂、羞辱、责备、抱怨，打击她的自尊心和信心，使她自我感觉很差，使她感到愧疚）、进行强迫和威胁（例如以自杀或带走孩子相威胁，威胁她的亲友，强迫发生性关系，强迫她不得分手或离婚，强迫她放弃指控）、使用孤立（例如控制她的言谈举止等一切行为，限制她的人身自由，限制她正常的社会交往沟通）、使用经济虐待（例如阻止她上班，拿走她的钱，隐瞒或不让她使用家庭收入）、使用男性特权（例如限定男女的地位，像对待用人一样对待她，自己断然决定一切家庭决策）、推脱责任（例如否认虐待的存在，轻描淡写虐待行为，转移虐待的责任，声称冲突都是由她造成的）。

（四）探究亲密关系暴力的产生因素

发生在两性之间的亲密关系暴力是性别压迫和性别歧视的产物，是性别不平等社会结构的伴生问题。那么，原本因为爱走到一起的两个人为何会发生暴力行为呢？亲密关系难道不意味着同甘共苦、相敬如宾、举案齐眉、相濡以沫吗？表面上看是两人间的矛盾引发的暴力，但实际上，施暴背后存在着多重因素。

1. 原生家庭环境因素

在亲密关系暴力事件中，80％的施暴者都是原生家庭的受害者。家庭暴力具有"代际遗传性"。还处在对世界建立认知阶段的孩子，如果每天看到的是自己母亲被打的情景，那么这段遭受家庭暴力的经历会让孩子的安全感荡然无存，也会使其丧失对环境的控制能力，在其心里种下暴力的种子。这样的孩子一般也会用暴力手段来解决问题，并在将来同样虐待他的伴侣和孩子，这样会形成家庭暴力的代际传递。

2. 性格因素

正如前文所述，在女性遭遇"不安全分手"事件中，我们曾为大家分析和识别过什么样的男性在两性关系中具有"危险"因素，即性格偏激、自大、自卑、爱计较、好嫉妒、控制欲强、言语粗鲁、平时对女性充满敌意、经常贬低女性的男性。具有"危险性格"的男性，一旦在两性关系中遇到让自己不开心、不顺心的情况，就很有可能发生暴力侵害。需要注意，"温柔""老实"并不会绝对排除暴力侵害发生的风险。很多实例证明，有些男性在两性关系中存在较强的隐蔽性，他们婚前对女友很温柔，婚后态度却有很大转变，关键要看对方一贯的性格和品行。

3. 亲密关系相处因素

另外，伴侣间的暴力问题还会因两性关系的相处模式而产生。如果伴侣之间互相信赖、尊重，在出现纠纷、矛盾或问题时，双方都能积极面对、主动沟通、平和解决，那么通常情况下不可能出现暴力冲突的局面。相反，如果伴侣之间互相猜忌、控制、轻视、隐瞒，在面对纠纷或问题时，双方常常抱怨、责备、逃避，那么这种不健康、不积极、不安全的表达与沟通方式很有可能在触发了"不良情绪"这个开关之后，使矛盾升级，转化为"暴力"。

（五）积极做好事前风险预判识别

抵御侵害的最好武器就是不让侵害发生。事前积极做好风险预判是进行安全防范的最佳策略。防范"亲密关系暴力"，其实就是在防范"亲密关系中的人"。我所喜欢的这个人是否有暴力倾向？是否有可能成为"渣男""PUA"？女性在选择和确立一段亲密关系时，不要盲目感情用事，要在"关系风险"中做好对"人"的安全风险评估。

1. 从与对方的相处时间上预判识别

时间是检验人品的重要试金石。在两性相处中，我们要花时间去了解对方的人生经历和家庭背景，不能只看学历、工作、长相、对你的态度，等等。短暂的相处不足以让你了解清楚一个人的性格，因为当人们面对自己不熟悉且想亲近的人时，往往会表现出最好的一面。这里就可能存在掩饰和欺骗。

2. 从与对方的相处模式上预判识别

如前所述，亲密关系中不当的相处模式可能会引发暴力问题。所以，女性在开始建立一段亲密关系时，就要从两性相处的模式上做好风险预判。在恋爱甚至是同居关系中，如果发现对方容易对自己进行猜忌、轻视、欺骗，甚至控制，我们一定要尽早终止这段不安全的关系，尽量不要形成婚姻关系。后者是更为紧密、复杂的社会关系，除了两性关系外，还要考虑子女、两个家庭的社会关系等等。一旦发生暴力侵害，这种关系会对女性造成更大的伤害。

3. 从对方的成长环境上预判识别

在建立亲密关系的时候，我们要特别注意从对方的家庭背景、成长环境去预判识别风险。比如他的父母相处关系是否融洽？他的原生家庭中是否暴力频发？他的成长环境是否比较复杂？如果是这样，发生暴力侵害的可能性就会大一些。

4. 从对方的情感、观念上预判识别

一个人的外表、职业、收入都可以掩饰，但是一个人的情感与观念往往是长期浸润之下的产物，其承载了更多个人本性的特征。

（1）从对待亲情、友情的态度上考察。看看他对亲友的态度及与亲友的关系如何，包括与亲友的沟通方式、亲友生病会不会在意、对亲友的经济支持态度，等等。这里其实是考察对方是否重感情，内心有没有柔软的地方。

（2）从责任感、做事底线等方面考察。看看他是否自私，敢不敢担责，会不会主动帮助别人；看看他是否自律，是否有所为有所不为，做事有没有原则。

（3）从对待金钱和爱情的态度上考察。不可否认，一定条件的物质基础是感情能顺利长久的关键。但在两性关系里，对方是否有钱不是最重要的因素，我们要看看对方是否舍得为你花钱，对方是否舍得用金钱来换取你的感情，对方是否舍得抛弃对你的感情来换取金钱。

5. 从承担社会功能的能力上预判识别

男女两性由于生理因素和传统文化的影响，社会分工往往有所不同，尤其在婚恋家庭生活中，男性更多要承担保护、支撑的功能，女性则承担更多养育、支持的功能。女性在建立一段亲密关系时，要看看对方是否具备承担社会功能的能力，即工作的能力、养育支撑家庭生活的能力，看看他能否扛起来。有的男性能力差还脾气大，这很可能会埋下暴力风险的种子。

6. 从突发的情境上来预判识别

选择伴侣最重要的不是看他最好的时候有多好，而是看他最坏的时候有多坏。交往时要多关注对方的情绪，看看他最生气的样子、最落魄的样子、最危难的样子，看看他与你或别人发生利益冲突时的样子。尤其当发生经济问题、失业问题、职务升迁问题等突发状况时，我们要看看他面对和处理问题的态度和方式如何。

（六）冷静面对和处理暴力下的伤害

每一个遭受"亲密关系暴力"的受害者，除了身体的伤痛之外，还经历着无形的痛苦、焦虑、纠结、失望，甚至绝望的心理摧残。所以，女性一旦遭受亲密关系暴力，眼泪、悔恨与逃避都不能解决问题。只有勇敢面对、冷静处理，才能有效保护自己。

1. 识别暴力，及时说"不"

亲密关系暴力的类型有很多种。女性往往在遭受肢体暴力、语言暴力、性暴力时，自我权益被侵犯的意识比较强，但是当遭受更为隐蔽的心理控制、冷暴力、经济控制时，却不能及时察觉识别，有时甚至认为"这只是对方一时情绪所致""他可能太爱我了""其实是我不好""他就是这样的人，其实心不坏"等等。在两性关系中，任何来自对方的恐吓、强迫、威胁、控制、挖苦、冷漠，只要让你感到不舒服，就可能构成暴力！我们必须及时识别暴力，认清这些行为背后的性质以及可能造成的侵害，在第一时间向对方表达你的不满和拒绝。

2. 放下顾虑，寻求救助

很多女性在遭受亲密关系暴力后，可能出于不好意思，出于害怕，出于"家丑不可外扬"，出于"面子"，出于"感情"，而选择忍耐和沉默，选择一次又一次给对方改正的机会。但是大量实践证明，"忍一忍"未必能够"家和万事兴"。你的怯懦可能会助长对方的嚣张，你的退让可能会让对方更猖狂。所以，放下各种顾虑，主动表达，积极地向亲友、同事、心理咨询机构、网络媒体寻求帮助，主动向妇联、居委会、双方或一方的工作单位等机构投诉，这也是自身舒缓压力、发泄情绪、增强底气、收集证据的良好途径。

3. 发生暴力，注意自保

女性在亲密关系中一旦遭遇暴力侵害，要特别注意从以下5点进行防范：

（1）一旦发现对方有开始实施暴力的倾向，要控制好自己的情绪和语言，不要再激怒他；

（2）躲进有电话可求助的房间，或把手机带进去打电话求助，如有可能，将施暴者反锁在门外；

（3）尽量靠近门窗向邻居及路人求助；

（4）远离厨房，以免施暴者用锐器伤人；

（5）一旦发生暴力侵害，要注意保护自己的头、颈、胸、腹等身体重要部位。

4. 及时报警，申请保护

女性一旦在亲密关系中遭受较严重的肢体暴力，要在自保的基础上第一时间选择报警。要记住，不敢求助会让暴力升级。数据显示，国内受害人平均遭受 35 次家暴后才会报警，只有不到 10％被家暴的女性选择报警求助。公安机关接到家暴报案后会及时出警，制止家庭暴力，并按照有关规定调查取证，协助受害人就医及鉴定伤情。

此外，我们还可以向法院申请人身安全保护令。《中华人民共和国反家庭暴力法》首次建立了人身安全保护令制度。受害人遭受家庭暴力或者面临家庭暴力的现实危险，其可以向人民法院申请人身安全保护令。人身安全保护令的保护范围可以包括申请人及其相关近亲属。此外，受害人还可以向救助管理机构申请临时庇护救助，向法律援助机构申请法律援助等。

5. 留存证据，勇敢面对

要特别注意收集和留存证据。例如，现场的物证（撕裂的衣服、有血迹的衣物、凶器等）、公安机关出具的告诫书、目睹暴力发生的证人证言、报警记录、验伤报告（24 小时内到医院验伤和治疗）、投诉时有关单位出具的证明、能够证明施暴行为存在的视听资料（可在遭遇暴力时，用手机录音记录）、施暴方的《悔过书》《保证书》等等。

6. 选择结束，坚决离开

无论是恋爱关系、同居关系，还是婚姻关系，女性一旦遭受了来自对方的暴力，这会成为两性关系中一道永远抹不掉的伤痕。如果不能及时纠正、有效止损，就可能演变成一段不安全的风险关系。面对已知风险，最有效的防范方式就是结束与离开。然而，在现实生活中，大多数遭受暴力，尤其是遭受家庭暴力伤害的女性，却迟迟无法摆脱泥潭的深渊。没有人比受害者本人更想逃脱暴力，但家暴从来都不是一句简单的"我想离开"就能解决的事情。不离婚、不分手不是因为她们不想离开，而是常年的暴力与操纵让她们身心俱疲，无力摆脱困境。因此，结束一段关系最需要的是面对的勇气和坚持到底的意志，要为了"自己"，勇敢选择，坚决离开！

最后，特别提示与强调：每一个生命个体都有免于恐惧、暴力的自由，这是一个公民的天然权利，不能因为任何理由和借口剥夺这种权利。

女性在人身安全防范与危机处理中，要把握以下四个原则：

第一，做好一切事前防范。对于女性来说，没有任何事情比"保障自身安全"更重要。无论是人防、技防、物防，还是意防，为了安全，我们要花费一切心思和气力去做好防范。事前防范永远比事后救济更安全可靠。

第二，积极行动，不等不靠。无论是事前防范，事中应对，还是事后救济，自己必须主动积极行动起来，不要一味受到"女性是弱势群体，需要特殊保护"这种观念的限制和束缚。女性安全，最首要、最需要的是来自自己的保护。从自身做起，为自己负责，替自己发声。

第三，丢掉"受害者有罪论"的包袱。目前舆论环境中存在的"受害者有罪论"无疑对受害女性造成更多的困扰和伤害。法律是最低限度的道德。在一个事件中，对受害者用道德标准，对施暴者用法律标准，这本身就存在不合理性。受害者道德的完美与否都不能改变施暴者的违法犯罪事实，更不能为其开脱或减刑。面对这种不和谐的声音，需要全社会，尤其是女性自身转变观念，提高认识，积极行动，以增强面对侵害的底气和支持。

第四，面对侵害，勇敢发声！恐惧、羞愤、忍耐、眼泪、逃避，都无法解决我们遇到的问题，无法掩去我们遭受的伤害。只有理性面对，敢于质疑，敢于拒绝，敢于发声，让自己在情绪、情感、意志上强大起来，我们才能坚定地走出困扰，抵御伤害。

第二章 女性财产安全防范与危机处理

马斯洛的需要层次理论将人的需要分为生理需要、安全需要、归属于爱的需要、尊重需要，以及自我实现需要。其中安全需要包含人身安全、家庭安全，以及财产安全等方面。近年来，经常出现大学生因校园贷、刷单、电信诈骗等而遭受财产损失的事件，大学生的财产安全问题引起了家庭、学校、政府乃至整个社会的关注。在遭遇财产安全问题的人群中，女性占比较大，尤其是女大学生群体，她们因缺乏基本的社会经验，更容易遭到不法侵害。因此，开展针对女性的财产安全教育是很有必要的。

第一节　女性遭受财产损失的典型案例

近年来，女性群体遭受财产侵害的比例逐年上升。其中财产损失类型主要分为丢失、盗窃、诈骗、抢劫、敲诈勒索和传销等。以下几个案例有助于我们直观地了解财产损失的类型。

一、财产丢失

（一）粗心大意埋隐患

【案情回放：贵重物品应妥善存放，安全防范不松懈】

居住在西安的小蕾，在2019年4月不到1个月的时间内，竟屡屡丢东西，价值达到上千元。据小蕾讲，刚开学时，她每天都去图书馆看书，有一次离开座位去了一下卫生间，回来后发现放在桌子上的书丢了，按照规定丢了书要按双倍价钱赔偿。小蕾谈到此处，一脸的失望。

小蕾说，为了防止类似的事情再发生，她无论去图书馆，还是去吃饭的时候都背着包，把要带的东西都装进包里。可是4月3日，她在吃饭时习惯性地把包放在旁边的座位上，吃完饭后却发现包丢了，包里有手机、银行卡、身份证等价值上千元的东西。小蕾说："丢东西后我打电话给保卫处，保卫处的工作人员积极调查，但没什么结果。"

（《三秦都市报》，2009 年 04 月 07 日）

【评析】

这是一起普遍存在的财产丢失案件。居住在人员密集、构成复杂的环境中，管理存在困难，财物丢失的情况时有发生。本案中，小蕾财产安全意识淡薄是财物丢失的主要原因。另外，相关单位对个人财产安全的保护还不到位，日常管理松懈也是不容忽视的因素。

（二）财物丢失莫丧气

【案情回放： 丢失财物莫"放弃"， 拾金不昧真情现】

"拾金不昧 为民服务"这面锦旗在沈阳康福德高安运巴士有限公司 113 路办公室里格外显眼，这是失主刘某特意为车长制作的。原来，2009 年 7 月 26 日中午，113 路车长吕某驾驶车辆到达副站，当乘客全部下车例行检查车辆时，他在车厢中部左侧座椅下捡到一女士花包。

车长吕某当即交到站务室，他们打开一看发现除了有身份证、就餐卡、3 张银行卡和现金外，里面还有一个精美的首饰盒，首饰盒里有金项链一条、金戒指一枚。之后他和副站调度员商量决定带回主站，线路王主任得知此事后，积极帮助寻找失主，通过证件他们得知失主是一个叫刘某的女性。后经电话联系刘某，双方约定 28 日到主站认领。28 日，刘某带着锦旗来到 113 路主站，当她看到失而复得的花包时激动地说："知道包丢失，我根本就没想还能找到，因为里面有总价值 12000 多元的物品，其中包括 6000 多元的金饰品，银行卡里有 6000 多元，还有部分现金，我都想放弃了。"

当接到电话知道包找到时，她还有点儿不相信。她当面查看了包内的物品，发现一样未少时显得格外高兴，连忙拿出 500 元钱要感谢吕车长，却被婉言谢绝了。刘某把写有"拾金不昧 为民服务"的锦旗送给吕车长，表达她的感激之情。

（东北新闻网，2009 年 08 月 27 日）

【评析】

本案中刘某的包丢失后，她并没有联系公交公司或者报警，如果没有人拾金不昧的话，这些财物很可能就找不回来了。这提示广大女性在财产丢失后要选择报警寻回，千万不要认为丢失的财物是不可以找回的。

二、遭遇盗窃

（一）宿舍防盗要注意

【案情回放：宿舍屡次被盗， 防范意识需增强】

现在学生的生活条件越来越好，手机、数码相机、笔记本电脑等应有尽有，这些方便携带的好物件往往是小偷垂涎的目标。2014年11月，承德市某高校一女生宿舍被盗贼"光临"，一部贵重手机和少量现金被偷走。据了解，该校女生宿舍自去年到现在已被小偷先后光顾7次之多。女生小徐在该高校上大三，10日上午下课以后，她和其他几个同学回到宿舍。听了一上午课，小徐感觉有点儿累，躺在床上，想玩会儿手机，但是将宿舍翻了个遍，自己刚买不久的手机却不见踪影了。她还发现，自己包里仅剩的100元钱也不见了。"去年我们宿舍就被偷了一次，当时我们几人下课回到宿舍，发现屋内东西被人动过，放在包里的1800多元钱少了500元。没想到，这次又被小偷下了手。"据小徐讲，自去年以来，女生宿舍楼先后多次发生被盗事件，就在前几天，一女生放在宿舍内的1000元钱被人偷走了500元。但是让大家都觉得蹊跷的是，小偷每次"光临"宿舍并不是把屋里值钱的东西全部"卷包"，而是有选择性地拿一些，翻到钱一般只拿一部分，剩余的部分留给学生。

在一年多的时间里，女生们丢失的东西中最贵重的是一部数码相机，价值一万多元。至于小偷为什么只偷走一部分现金，大家分析小偷可能就是本校学生，其为了麻痹大家，让被偷学生觉得钱还是原封未动放在那。经调查，当时小徐的手机就放在宿舍的一张桌子上，而宿舍的钥匙每天就放在外面的门框上。据一名工作人员介绍，"我们每年都要为学生开展安全知识讲座，希望学生提高安全意识，每天离开宿舍时将门锁好，人离开宿舍要将钱随身携带，钱多的情况下及时存起来，但是这些学生还是太大意了，甚至有时候人离开后，钥匙搁在门框上……"

（承德新闻网，2014年11月14日）

【评析】

这是一起典型的宿舍盗窃案件，小偷摸清了在校学生的作息时间，清楚学生们将钥匙放到门框上的习惯。这警示在校学生要增强防盗意识，收好钥匙、手机、现金等贵重物品。

（二）生活防盗要牢记

【案情回放：　警民联手机智应对，　窃贼故地重偷被抓获】

吃个饭的工夫，价值近6000元的手机没了，这样的倒霉事就让小苏给碰上了。2016年3月，小苏如往常一样来到了风味餐厅，她购买了一份麻辣烫。就在小苏端餐盘转身的时候，她隐约感觉身体被谁轻轻碰了一下，她也没有在意。然而，当她找到座位坐下后，她顺手一摸外衣口袋，惊出了一身冷汗，因为先前自己放在口袋里的手机竟不见了。那手机是她去年5月花近6000元购买的，没想到买个饭的工夫，手机竟然没了。无独有偶，就在短短十分钟后，大学生小秋来到门口的水果摊上买水果，水果买好后，她发现放在背包最外层口袋里的一部手机也不见了。心爱的手机被偷，小苏和小秋第一时间报警求助。

接到报警电话后，警方和公安分局刑警大队第一时间介入调查。反扒民警通过调取食堂的监控，很快发现了一名嫌疑人。原来，就在小苏在窗口买饭的瞬间，有一名男子悄悄地靠近了她，偷走手机后快速转身离开了食堂。民警通过进一步调查发现，该嫌疑男子走出食堂后，径直来到一处偏僻的围墙边，翻越围墙后快速骑上一辆电摩离开。看到嫌疑男子的体貌特征，办案民警感觉跟以前抓过的一个扒手李某很相像，于是，办案民警进一步展开调查。办案民警判断，李某在成功得手后肯定会再次来到周边作案。于是，民警决定来个守株待兔。在原事发地周边布控的反扒民警发现了一个熟悉的身影：一名骑着电摩的男子进入民警的视线，民警通过仔细辨认，确认该男子正是上次行窃得手的嫌疑男子李某。李某停好车伺机作案时，被办案民警当场抓获。李某对于自己当天扒窃的违法事实供认不讳。

（《姑苏晚报》，2016 年 03 月 12 日）

【评析】

这是一起典型的扒窃案件。本案中，窃贼利用小苏在餐厅买饭的空隙作案，并在得手后反复作案，这符合盗窃案的一般特点。关于餐厅盗窃案的防范在本章中有详细的说明。

（三）银行卡防盗要警惕

【案情回放： 女大学生支付宝账号被盗， 2.1 万学费被刷光】

女大学生小丁担心 2 万多元学费带在身上不安全，便把钱存进银行卡，谁料到校准备交学费时，这笔钱被人通过支付宝账户刷了个精光。

21 岁的小丁来自榆林，是西安城南一所大学的大三学生。小丁说，她母亲是教师，父亲在外打工，父母供养她上大学很不容易。2018 年 8 月 20 日，父母为她准备好了学费，考虑到她要坐火车，钱带在身上不安全，便叮嘱她将钱存进银行卡。8 月 22 日中午，小丁把 2.1 万元学费存进银行卡里，可学费还没交，就被人盗走了。小丁说，她只有一张银行卡，是刚上大学时学校给办的，专门用来交学费。8 月 26 日上午，她的手机接连接到短信通知。她说："当时手机密集地收到取款短信，从第一笔被盗刷我就给银行的客服打电话，希望能冻结账户，可是对方的速度太快了，我电话都没打完，账上的钱就被刷没了。"

记者在小丁提供的短信通知上看到，从 8 月 26 日上午 9 时 04 分到 9 时 22 分，18 分钟内她的银行卡总共被盗刷 24 笔，卡上的余额从 2.1 万余元到只剩下了 0.36 元。小丁打印出来的银行卡流水明细显示，盗刷者第一笔试探性地刷了 10.50 元，第二笔刷了 50 元，之后便是 500 元，然后一共刷了 17 笔 999 元，刷走的最后一笔是 0.10 元。

小丁不解，银行卡在她自己手里，这钱怎么会没了呢？她打了单子，看着一连串的"支付宝业务资金清算"的字样，这才想起这张卡是绑定了支付宝账号的，而支付宝账号早在今年 5 月份就难以登录了。"应该是账号被盗了"，小丁说。她实在是太大意了，忘了卡绑定在支付宝账号的事情了。刚进大学的时候，看到别人都网购，小丁便将仅有的这张银行卡绑定在了支付宝上，后来居然忘了这茬事。

（《华商报》，2018 年 09 月 21 日）

【评析】

这是一起典型的移动支付工具盗刷案件。随着人们生活水平的提高，银行卡和移动支付工具的使用频率也在逐渐增加。作为高校中消费主力的大学生，尤其是女大学生群体成为犯罪分子的首选目标。本案中，犯罪分子利用小丁信息安全意识薄弱的特点，盗取了小丁的支付宝账号密码，进而盗刷了银行卡。支付宝密码不仅属于个人隐私，还是网络信息安全中的重要一环，直接关系到个人的财产安全。这警示我们要树立信息安全意识，加强网络安全防范，不给犯罪分子可乘之机。

三、遭遇诈骗

（一）网络诈骗最常见
【案情回放：享受网络购物便利，远离兼职刷单陷阱】

2020 年 7 月 6 日晚，在东莞厚街双岗从事服装生意的何女士被网络刷单的高佣金所吸引，一步步落入骗子的"圈套"，总共被骗走 9500 余元。目前厚街警方已立案，案件正在进一步侦查当中。

何女士说，她是在自己的微信朋友圈里看到之前打过几次交道的服装批发商家发出的一则淘宝刷单的兼职广告，里面有每日兼职结款的截图，一单可以赚取 20 块钱的佣金，一天下来有几十到几百元的进账，且刷一单只需几分钟的时间，这让何女士很是心动，她侥幸地认为自己在店里兼职刷单，每日能有几百元的进账补贴店里生意也不错。

何女士按照兼职广告上的指引，扫了对方的二维码，对方告知何女士帮商家刷单不需要垫付资金，但需 5 分钟内完成任务且五星好评才可获得每单佣金 20 元。另外，何女士需要提供一下自己的淘宝淘气值和花呗主页截图，证明其花呗额度符合要求。

何女士按照对方的指示，将自己花呗额度为 2734.10 元的截图发给对方，对方称其符合条件，先让何女士绑定一张没有钱的银行卡用于"刷单"，并发给何女士一条网络刷单操作视频，要求其按照步骤进行刷单。然而，何女士因为空卡里没钱，所以支付并没成功。对方声称，支付前要激活该账单，并要求何女士使用"花呗"进行"企业代付"，何女士按照对方指引进行身份验证，输入支付宝短信验证码，然后点击"花呗"付款后发现没有"企业代付"环节，并且不需再次输入密码就显示付款成功。此时，何女士已经成功用支付宝花呗支付了 2599 元。

然而，何女士还没意识到自己跳进了对方的"圈套"，但也开始着急起来，向对方表示自己没有找到"企业代付"，不知什么情况下支付宝就被扣除 2599 元。此时，对方很淡定地告诉何女士不用担心，并给了何女士一个 QQ 号，让她加一下 QQ 客服并备注退款就可以了。殊不知，何女士正一步步"羊入虎口"，步入骗子的第二个"陷阱"。

按照对方指引，何女士立即添加客服 QQ，其称自己是专业刷单公司的客服，并告知何女士按照之前的操作再来一遍，最后使用"企业代付"的选项，原订单的 2599 元便能退回。

可是一波操作下来，客服发来一张支付宝系统退款失败的截图，谎称无法完成退款，让何女士使用微信来接收退款，并且再三提醒何女士微信零钱余额一定要达到 6000 元以上才能激活账号成功退款。当时何女士的微信零钱中只有 3930 元，着急挽回损失的她没有多想，立即跑到隔壁熟悉的店家那里借了 3000 元转入自己的微信零钱里。客服便发了个微信退款的二维码给何女士，何女士扫码后，客服让她用微信绑一张没有钱的银行卡，先用没钱的银行卡支付，然后在更换付款方式下面双击零钱，双击零钱之后微信提示要输入验证码，客服称不会支付成功，然而何女士按客服的说法操作后，便直接支付出去了 6930 元。

这时，何女士才意识到事情不妙，让客服赶紧退款，可是客服坚称申请退款失败，让何女士重新再存钱进来。何女士意识到自己上当受骗，斥责客服不退款就马上报警。这时，客服还假装让何女士将微信号及姓名发给他跟进处理，并表示后台系统已经将金额退回，第二天早上 8 点到账。何女士越想越不对劲，坚持马上退款，任凭何女士怎么坚持，客服不再回复，直接将她拉黑……不仅之前的 2599 元没有退回，何女士又被骗了 6930 元。意识到被骗后的何女士于当晚向厚街警方报案。

（金羊网，2020 年 7 月 15 日）

【评析】

该案件是常见的"刷单"诈骗案件，"刷单"是一个新兴词汇，指卖家请人假扮顾客，由卖家出资购买指定的商品，以达成销量并得到好评的一种行为。网上交易具有虚拟性，线上消费者无法直接体验商品的质量，其他用户的评价就成了他们下单的重要参考。本案中，何女士想通过"刷单"赚取"外快"，这种行为本身就是不受法律保护的，也给了犯罪分子可乘之机。根据相关规定，"刷单"不但违法，严重的还可能构成犯罪。很多女性喜欢网络购物，但一定要更正"刷单不算违法""法不责众"的观念，更要加强财产保护意识，避免上当受骗。

（二）"掉包"诈骗要提防

【案情回放：田女士拾金不昧，反被"失主"骗走钱包和手机】

田女士捡到"钱物"准备归还"失主"，没想到却掉入骗子设好的圈套，被"失主"盗走钱包、手机等财物。据田某回忆，2015 年 11 月 19 日中午，她刚刚从实习的公司下班，沿着少先路的人行道往家走，快到市场时，一名路人骑车从她身边疾驰而过，一只鼓鼓囊囊的手套突然掉在小田的身边。"我当时也没看手套里是什么，捡起来就去追'失主'，边跑边喊，可是追出 10 多米，'失主'一直没有回头，"小田说。

小田拿着手里的物品不知该怎么办，这时她身后突然闪出一人。这名男子大约五六十岁，穿棉袄，戴鸭舌帽，背着挎包。小田说："这名男子问我是不是捡到东西了，并且拿过去翻看了一下，说里面是钱，并提出他也看到了，要和我分。"当听到要分钱，小田果断拒绝。正当她准备离开时，"失主"突然返回到他们两人的身边。"刚才有人看到你们把我丢的钱捡走了，快交出来。"说着，"失主"就要搜包。"当时我看失主年龄也在 60 岁左右，而且穿着打扮还挺好，就放松了警惕，"小田说。

"来，你先搜我的包。"穿棉袄的男子主动提出，并把挎包递给了"失主"。经过一番检查后，"失主"没有搜出"丢失的物品"。"我又没拿他的东西，我是清白的，我怕什么。"想到这里，小田也把双肩背包打开，让"失主"翻看，不一会儿，"失主"和穿棉袄的男子就以跟目击者对质为由离开。二人离开后不久，小田突然意识到自己可能上当受骗了，她急忙打开双肩包，发现自己的钱包和一部手机已经不见了。小田立刻报警，案件被移交到包头市青山区公安分局刑警三中队处理。

（网易新闻，2015 年 11 月 25 日）

【评析】

本案中，犯罪分子利用小田拾金不昧的心理，将其财物调包。这种以丢失财物为由进行诈骗的案件并不罕见，稍有警觉性的人就不会受骗。遇到这种情况，不要轻信骗子的花言巧语，必要时要立即报警，交由公安机关处理。

（三）购物诈骗不能忘

【案情回放： 女子网购被骗， 机智应对挽回损失】

叶女士是保险公司的一名员工，由于网购的方便快捷，叶女士平时非常喜欢在网上买东西。2020 年 8 月 3 日，一个显示归属地为河北省承德市的电话打到了叶女士的手机上，来电一方说叶女士在网上购买了河北省某个服装工厂的衣服，对方正是这个工厂的客服。这位客服说叶女士购买的这件衣服的批次出现了质量问题，工厂要紧急召回这批已卖出的衣服。而为了弥补召回给叶女士带来的损失，客服称工厂可以以双倍价钱赔给叶女士。

叶女士感觉对方来电所说的非常有诚意，于是就添加了这位客服的支付宝帐号为好友。之后，叶女士收到对方发来的二维码，她打开后发现需要填写一些个人及银行卡信息，她并没有多想，就按照对方所说的步骤一步步进行填写，并且最后还填写了自己银行卡的密码和验证码。这一操作成功后，叶女士立刻收到银行发送的转出 9000 元的短信，一看卡里转出这么多钱，她立刻联系对方询问是怎么回事，而对方不慌不忙地回答是系统有失误导致的转出，并让叶女士在支付宝上"逆向支付"一下。叶女士虽然不太明白这个"逆向支付"是怎么回事，但为了赶紧收回已转出的 9000 元，她便没多想就继续操作了，可操作完银行居然给叶女士发送转出 20 万元的短信。

意识到自己被骗，叶女士急中生智，在继续和骗子沟通的同时，她迅速报了警。接到报警后，警方立刻对相关银行账户进行了止付操作，并在警察的帮助下，叶女士被骗的二十多万元在当天晚上就返还到她的银行卡里。

（百度网，2020 年 8 月 10 日）

【评析】

网络购物诈骗屡见不鲜，究其原因还是人们的防范意识不到位。在接到任何有关钱和银行卡的电话时，我们都要打起十二分的精神应对，不要向对方透露任何个人以及银行账号和密码等信息，避免落入骗子的圈套，如果真的不幸被骗也不要慌张，要冷静应对，及时报警，积极协助警方尽快找到诈骗团伙，追回被诈骗的钱款。

四、遭遇抢劫

【案情回放： 章女士遭抢劫受重伤， 检察院司法救助暖人心】

小章居住在下沙，2017 年 11 月 14 日傍晚 6 点左右，她独自走在某公园外的人行道上。突然，惊险的一幕发生了，路边树丛里突然冲出一名男子，一把勒住她的脖子，强行将她拖进公园内。"不要出声，也不要动，我只要钱！"男子掏出一把水果刀架在小章的脖子上，恶狠狠地对其进行威胁。小章吓坏了，不停地反抗呼救，男子随即掏出一捆绳子，将她捆在树干上。之后，小章被抢走身上的手机，在挣扎中她还被刀捅伤。经过鉴定，小章的伤势已经构成重伤二级。

案发后一个小时不到，抢劫伤人的嫌疑人田某就被公安机关抓获归案。田某被开发区人民法院判处有期徒刑十年六个月，剥夺政治权利一年，并处罚金人民币3万元，赔偿小章医疗费等经济损失2.14万元。田某名下无可供执行的财产，案子虽然判了下来，但小章的赔偿金却遥遥无期。

"当时看病的钱，我都是向亲戚朋友借的，到现在一直都没还上。"生活拮据的小章说起自己的遭遇忍不住流下泪水。得知小章无经济来源，父亲在外打工，母亲常年卧病在床，无劳动能力，家庭生活困难，开发区检察院依据司法救助救急解困、公正及时的原则，决定对她开展司法救助。开发区检察院给小章发放了司法救助金1.87万元。发放司法救助金后，检察官们还特意赶到小章所在地点，了解她近期的身心健康情况和学习情况。

（《钱江晚报》，2019年4月9日）

【评析】

这是一起针对女性的抢劫案例。女性因其反抗能力弱的特点，更容易遭遇抢劫。抢劫不仅仅关乎财产安全，还直接威胁受害者的生命安全。面对抢劫，我们首先要将自己的生命安全放在第一位，反抗只会刺激犯罪分子，使事态更加恶化。脱身后要第一时间报警，寻求公安机关的帮助。

【案情回放：小张冷静应对深夜持刀劫匪，警民联手抓获犯罪分子】

2018年8月27日，开封市公安局金耀派出所案件侦办大队民警通过缜密侦查、积极走访、果断出击，成功抓获一名恶性持刀抢劫犯罪嫌疑人，破获持刀抢劫案件1起，及时消除了社会不良影响，严厉打击了犯罪分子的嚣张气焰。

独自一人居住在开封市金明区东陈庄的小张今年20岁。8月15日晚11点钟，张某归家较晚，在走到一处修桥的工地旁的小路时，突然有一陌生男子从小张背后跳出，拿着匕首逼迫小张交出手机、身份证和银行卡等物品，并逼问小张手机支付密码及银行卡密码。惊慌失措的小张按男子的要求交出了身上的财物，不料劫匪得手后又用胶带缠住了小张的手脚，并把其抛在路旁后迅速逃逸。惊魂未定的小张待劫匪走远后，赶忙挣脱了手脚上的胶带，迅速赶到附近的商店报警。

金耀派出所负责人王飞高度重视此案，立即抽调精干力量全力侦破。办案民警段宁、宋奕霖等人相继连夜开展走访和取证工作。一时间，路面巡逻、外围调查走访、信息研判分析等各警种联合作战。侦查工作在不眠的夜色中悄然进行。经过多次走访调查及受害人辨认，民警确定家住禹王台区的宋某有重大作案嫌疑。

8月27日上午，经过缜密的部署后，民警决定对嫌疑人宋某实施抓捕工作，而此时的宋某还在家中酣畅淋漓地沉浸在网络游戏中。当听到民警以查户口的理由敲门时，狡猾的宋某还妄想打开后门观察情况，以便情况不妙时随时逃跑，不料却被早已在后门蹲守的民警逮了个正着，将其抓获。

（《大河报》，2018年08月30日）

【评析】

本案中，小张在被抢劫的过程中并没有做出激烈的反抗，并在脱身后第一时间报警，成功保护了自己的生命安全。

五、遭遇敲诈勒索

【案情回放：三人网络交往不慎被勒索，勇于报案后犯罪分子被严惩】

手机、电脑、行车记录仪……随手即可获取的拍摄设备如今却成了一些别有用心之人的犯罪工具。海沧区人民法院公布了三起因亲密关系而产生的敲诈勒索案件。三起案件如出一辙，皆是不设防的女性被拍下不雅视频，并遭遇威胁。法院公布案件，提醒市民与网友或相交不深的人交往应注意防范，遭遇勒索应及时录音录像保存固定证据，采取法律手段保护自己的权益。

案件一：求爱被拒后，多次勒索钱款

厦门男子小廷为一名自由职业者，2019年7月，他通过交友聊天软件配对好友认识了小欣，两人聊得投机，互相加了微信好友。认识半个多月后，两人还相约在海沧一酒店见面，并发生了性关系，其间，小廷还拍摄了两人欢愉的视频。

此后，小廷通过微信向小欣表白，却遭拒绝。两人逐渐减少聊天的频率，小廷要求见面时，遭到拒绝。小廷认为自己的感情被玩弄，竟以此前拍摄的视频要挟小欣给其转账1000元，否则将视频公布到网上。小欣转账1000元后，小廷却又发来一段视频，要求其再转账3000元，并承诺待其转账后，他就删除视频。小欣转账后，小廷却未如约删除视频，此后又再次要挟。小欣只得将小廷的微信和手机号码拉黑，谁知小廷却用不同的号码给她打来电话，令其不胜其扰，最终决定报警。

2019年8月，海沧警方立案侦查。2019年12月，经海沧法院不公开开庭审理，其认为小廷的行为构成敲诈勒索罪，判处其有期徒刑6个月，并处罚金人民币3000元。

案件二：网上裸聊被设计，遭勒索 2 万元

2019 年 10 月，小陈与小月通过微信成为好友，随后，两人还通过社交软件裸聊。小月未曾料到的是，小陈竟将两人裸聊的视频录下，并于同年 11 月底威胁她要贩卖、传播其裸聊视频，并向她索要 3500 元现金，小月通过微信将钱转给他。2020 年 2 月，小陈再次要挟小月，并让她做出选择，要么与他发生性关系，要么给他 5000 元。此后，小陈又将勒索金额提升至 2 万元。小月不堪威胁而选择报警，小陈最终未能得逞。

2020 年 3 月，小陈被海沧警方抓获，随后其父母代为偿还小月 3500 元，并另外赔偿小月 48500 元。去年 9 月，小陈被判处有期徒刑 8 个月，缓刑 1 年，并处罚金人民币 3000 元。

案件三：用假名谈恋爱，谎称录不雅视频

小涵与小娟于 2019 年 2 月在环岛路的海边相识，两人因一同登山而熟络，并互留了联系方式。小娟住在海沧，此后不久，小涵驱车前来，两人一同在海沧游玩，其间曾在小娟的住处发生性关系。

但这之后，两人关系恶化，小涵谎称自己用行车记录仪录制了不雅视频，并以在网上公开发布视频相要挟，向小娟勒索钱款三次，共计 6000 元人民币。小娟无法忍受小涵的持续要挟，选择报警。其后，小涵在某银行办理业务时被民警抓获。经过侦查，警方发现，小涵并不是他的真名，他的真名叫小军（化名），他曾因诈骗被判刑以及招摇撞骗被行政拘留，他开的车也是用假名向车行租来的，他还拖欠了部分租车费用。

经过审理，法院认为，小军以非法占有为目的，以公开发布他人不雅视频相威胁，勒索他人钱财，共计人民币 6000 元，数额较大，其行为已构成敲诈勒索罪。小军是累犯，依法应从重处罚。法院最终以敲诈勒索罪判处小军有期徒刑 10 个月，并处罚金人民币 5000 元。

（厦门网讯，2019 年 10 月 18 日）

【评析】

敲诈勒索也是常见的侵财案件类型之一。三个案例中，犯罪分子以视频为要挟，敲诈受害人钱财。要防范被敲诈勒索，首先要做到洁身自好，不做出可能危及人身和财产安全的行为，在被敲诈后要及时报警。

六、陷入传销

【案情回放：三名女性被传销组织控制，警民联手成功解救】

2014 年 8 月，2 名在山东某大学就读的女大学生，到学校报到后就没有上课，学费也没有交。学校报警后，警方发现失联的 2 名女大学生与另一名女同

学竟然被传销组织控制，并正从南京乘坐开往南宁的 K161 次列车。接到报警的广州铁路公安局衡阳公安处民警火速出击，在列车上将她们解救下来。

8 月 16 日，衡阳铁路公安处衡阳站派出所接到山东省济南市公安局长清分局民警及山东某大学一名老师的求助：该大学 2 名失联多日的湖南省衡阳籍女大学生戴某（21 岁）、祝某（20 岁）和她们的高中同学，即失联 1 年多的湖南省吉首大学学生周某（20 岁）被传销组织控制，现在有可能在徐州至南宁的 K161 次列车上，请求查找解救！

接报后，衡阳站派出所所长聂桂林迅速部署民警开展工作。16 时 09 分，K161 次列车停靠衡阳站二站台，民警桂伟、陈永宏、赖军衡马上上车，与担当 K161 次乘务工作的柳州乘警支队乘警取得联系，通报了警情和三名女生的相关信息。时间紧迫，大家迅速分头行动，逐节车厢查找，8 分钟后，他们在 13 号车厢找到了三名失联女学生！民警确认后，将三人劝说下车。

经过询问，3 人被传销组织的蛊惑宣传迷惑，将学费、生活费共计 4 万多元全部上交传销组织。备受关注的失联案使传销组织感受到当地公安机关的压力，3 人被传销团伙裹挟逃离山东泰安，南下南京。传销团伙要求 3 人从南京乘坐火车回衡阳老家。在派出所，3 名女生沉默不语，对家人也很抗拒。民警分析认为"这可能是传销组织长时间灌输洗脑的结果"。

（中国新闻网，2014 年 09 月 19 日）

【评析】

本案是一起典型的传销案件。传销行为不仅侵财，还侵犯了人身安全。遭遇传销侵害时，我们要保持清醒的头脑，不要被传销组织迷惑，另外要想尽一切办法报警，等待警方的救援。

第二节　女性遭受财产损失的现状及成因分析

上一节中分析了常见的财产损失案件类型，通过对这些案例的学习，我们将女性遭受财产损失的现状概括为以下几点，并对其成因、特点进行分析。

一、女性易遭受财产损失的原因

（一）性别社会地位不均衡

纵观人类社会的发展历程，主张男女平等、提倡女权主义的思潮不过一两百年。在我国，直至 20 世纪六七十年代妇女才与男性在社会地位上基本平等。此前，女性一直依附于男性，这样具有被动性的变化导致了重男轻女思想依然留有残余。这种不均衡直接体现在财产问题上。从整体来看，很多女性在经济上没有完全独立于男性之外。这些女性没有足够的财产安全意识，因此更容易成为财产侵害的对象。另外，在中国传统文化中，人们普遍认为男性是强势的、暴力的，女性则相对弱小。很多女性在遭受财产损失后会选择忍气吞声，这给案件的侦破带来了很大困难。因此，犯罪分子在作案时会优先选择女性为目标。

（二）女性的特殊心理、生理因素

女性被害人在受害后往往比较隐忍，受世俗观念的影响不愿声张。有些女性缺乏甄别力，而且极易对他人产生信任感；还有的女性法律意识淡薄，对事物认知能力相对较弱。这些都是女性受害案件易发的原因所在。先天力量不足使女性具有易攻击的特点，再加上她们一般警觉性较差，遇事后反应速度较慢，在犯罪过程中对抗性不强，因此其往往成为犯罪分子的作案目标。

二、女性主要遭受财产损失的类型（本部分以在校大学生为例）

（一）财物被盗

盗窃是一种以非法占有为目的，采用规避他人管控的方式，转移而侵占他人财物管控权的行为。盗窃是日常生活中最为常见的一种违法犯罪行为。盗窃案为居住区多发性案件，一般占到刑事案件的80%以上，并呈现上升趋势。

1. 原因

校园盗窃案发生的主要原因：

校内教师、学生人数众多，且是集体居住，作息时间又有着很强的规律性，上课、休息时间统一，并且开学、放假两个时间节点人员流动量大。不法分子往往在掌握了学生的作息规律后便可以肆无忌惮地行窃。高校学生往往不在家居住，他们随身携带现金和手机、电脑等贵重物品，被小偷当成"资源丰富"的目标。

2. 类型

高校校内盗窃的类型有很多种，依据其发生的地点分为宿舍内盗窃和宿舍外盗窃。

宿舍是学生们集中居住的地方，也是电脑、手机、现金等贵重物品较多的场所。这类盗窃案一旦发生，不仅会导致学生财物受损，还可能导致同宿舍人员之间的信任危机，影响学生们正常的学习生活。宿舍盗窃案主要分为以下几种：

（1）撬锁进入型。小偷用暴力手段破坏门锁，或者用铁丝、小卡片等打开门锁。这类不法分子清楚学生胆小怕事的特点，往往比较嚣张，还有的携带凶器进入宿舍，一旦盗窃不成或者被发现，盗窃行为很可能转变成抢劫或者伤人行为。因此，这类盗窃行为是非常危险的。

（2）翻窗进入型。小偷利用水管、防盗网、窗台等攀爬进入宿舍，这类犯罪分子对学生的作息时间比较了解，他们利用上课、放假等时间作案，往往是校外人员。

（3）顺手牵羊型。顺手牵羊型与其他类型的案件不同，这一类案件具有很大的偶然性。既有可能是校外人员作案，又有可能是校内人员作案；既有可能是临时决定盗窃，又有可能是专门到宿舍寻找机会。常见的手段有借串门、推销产品为名进入宿舍，发现宿舍内的贵重物品无人看管临时起意行窃的，还有专门等宿舍没人的时候进入宿舍拿走贵重物品的。这一类盗窃案作案十分不易被察觉，行窃者在作案过程中遇到人会谎称自己是来找人或者走错地方，然后迅速逃离，将赃物转手。学生们往往在察觉到贵重物品丢失后才反应过来宿舍被盗，他们很难抓到现行，所以这一类盗窃案破案难度很大，是宿舍内盗窃的主要方式。

（4）内部作案型。在被破获的宿舍内盗窃案中，有相当一部分是校内人员作案。盗窃者不仅有传统意义上的"差生"，还有在外人看来品学兼优的"好学生"。据统计，大学生盗窃约占大学生犯罪比例的75％，并且呈现逐年增长的趋势。从性别比例来看，女大学生盗窃的占比增长较快，从2010年的1％增长到2014年的70％，呈明显的上升趋势。出现这种"日防夜防，家贼难防"情况的原因很复杂，部分大学生形成了攀比、炫富等扭曲的价值观，丧失了荣辱观念，当自己的经济实力不能满足自己的高额消费时，有些学生就动起了"歪心思"。另外，很多作案者在第一次作案得手以后会抱有侥幸心理，再次进行作案，随着作案次数增加，作案手法也愈加老练，最后无法自拔。还有的作案者缺乏法制观念，认为每次作案的金额较小，不足以立案，他们心中没有法律的准绳，故而大肆行窃，但数次行窃的金额累加超过了标准，就要接受法律的惩罚。

除了宿舍内盗窃，宿舍外盗窃也很常见。除了宿舍生活，大学生的学习、运动、出行等活动也占校园生活的很大部分。因此，发生在教室、自习室、操场、公交车、火车等地点的盗窃案十分常见。

宿舍外盗窃依据其作案地点的不同可分为以下几类：

（1）教室、自习室失窃型。与高中上课不同，大学有着灵活的课时安排，往往没有固定的教室。很多学生为了能有一个好的座位，提前到教室占座，在这个过程中他们往往就将手机、钱包等贵重物品遗落在座位上，这样很容易发生失窃案件。

（2）运动场失窃型。很多大学生在运动时为图轻便，往往将外套、背包等物品放置在操场或者篮球场上，这些地方人员流动量大，构成复杂，贵重物品也无人看守，而且他们在运动中很难分心去关注自己的财物，这就给了窃贼可乘之机。

（3）出行失窃型。在公共交通工具上或者火车站、汽车站发生的盗窃案件也占有很大比重。这些地方较为拥挤，人员构成良莠不齐，很容易遭到扒窃。由于电子产品的普及，很多大学生在这些场合往往会沉迷于玩手机，这分散了他们的注意力，加之出行的疲惫，他们放松了警惕，很容易被窃贼盯上。此外，自行车、电动车等交通工具失窃也比较普遍，其原因一方面是学校缺乏对自行车等交通工具的统一管理，另一方面是学生个人防范意识薄弱，乱停乱放。

（二）遭遇诈骗

大学诈骗案件是指以大学生为目标，以非法占有为目的，用虚构事实或隐瞒真相的方法骗取数额较大财物的案件。大学生被骗的案件屡见不鲜。据调查，28％的大学生有过被骗经历，在受骗的大学生中，女性的比例整体上高于男性。在受骗女性中，因同情心而被骗的比例更高。绝大多数女大学生性格简单善良，容易对他人盲目同情，在交友、择业等问题上缺乏分辨力，容易受到他人的煽动，这使得她们往往成为诈骗者的作案对象。诈骗案件使得大学生的财产安全受到损害，身心健康也受到打击，轻者使学生情绪低落或陷入经济困境，影响其正常的学习和生活，重者甚至导致轻生或者严重的刑事案件的发生，危害性极大。

1. 原因

校园诈骗案发生的主要原因：大学生缺乏社会经验，阅历不足，思想单纯，没有分辨能力；不加选择地结交朋友，轻信他人；疏于防范，感情用事；虚荣心强，放不下情面；求人办事，成事心切，麻痹大意，不认真检查细节，从而上当受骗。

2. 类型

随着社会的进步，诈骗分子将现代科学技术作为作案工具，他们实施诈骗的手段也是花样百出。要提高安全防范意识，了解诈骗的常见手段。诈骗手段主要有以下几种：

（1）假冒身份。假冒身份是一种最常见的诈骗手段，骗子利用大学生重视亲情、友情的心理和安全意识不强、分辨能力弱的特点，冒充大学生的家人、朋友骗取他们的信任，然后用各种借口借钱，实施诈骗。有的诈骗分子在骗取了大学生的信任后，了解其生活习惯，趁宿舍无人之际进入宿舍，将贵重物品洗劫一空。还有的诈骗分子利用骗取来的钱财、名片、身份证、信誉等为资本，继续诈骗其他人。这种诈骗分子为了逃避法律的制裁，往往会快速逃离现场，流窜作案。

（2）投其所好。一些诈骗分子往往利用大学生急于找工作、出国等心理，谎称能够提供渠道，从而行骗；还有的诈骗分子在大学生遇到困难时，谎称可以提供帮助，趁机骗取大学生钱财。

（3）虚假合同。一些诈骗分子利用大学生缺乏社会经验、法律意识薄弱、急于兼职补贴生活的特点，雇佣大学生为其工作，事后却不履行合同，或不支付报酬。近几年来，这类案件大量出现，由于没有完备的合同手续，执法存在很大困难，学生的权益往往难以得到保障。

（4）校园借贷。有的诈骗分子以借贷为名，让学生交"手续费"，部分学生交出钱财之后，诈骗分子便逃之夭夭；还有的谎称低息或者无息借贷，学生借款后才发现利息很高。

（5）推销产品。诈骗分子上门推销各种商品，他们利用大学生胆怯、不好意思拒绝的性格特点，将廉价商品以高价卖给他们。虽然这种现象是在大学中明令禁止的，但还是屡见不鲜。有的推销人员见室内贵重物品无人看管，便顺手牵羊，偷骗结合。

（6）招聘骗局。有些大学生为了减轻生活负担而勤工俭学，诈骗分子往往利用这一需求设置骗局，以招聘的名义向大学生收取介绍费、报名费、手续费、押金等费用，或者做虚假广告，骗取学费、培训费等，然后以各种理由拒绝退款。

（7）骗取同情。绝大多数在校大学生性格单纯善良，诈骗分子利用这一特点，编造故事骗取学生同情，进而获取钱财。这类诈骗分子往往将自己包装得举止文明、彬彬有礼，具有很大的迷惑性。

（8）勒索钱财。有些诈骗分子故意与学生发生纠纷，然后向学生索要赔偿，软硬兼施，勒索钱财。

（9）中奖诈骗。信息化时代已经进入了大学生的生活，随之而来的是网络上各种各样的虚假信息。诈骗分子利用即时通信软件、网络游戏弹窗等平台，发布虚假的中奖信息，让对方拨打"客服电话"联系领奖事宜，然后再以手续费、缴税等名义索要钱财。

（10）编造突发事件。针对大学生的特殊心理，诈骗分子往往编造虚假的信息让对方在焦急中上当受骗。例如，诈骗分子给学生家长、老师或者同学打电话，谎称其发生了车祸，需要住院押金。这是诈骗的又一惯用伎俩。

（11）网络诈骗。网络诈骗是目前最常见也是最特殊的一种诈骗方式。互联网的不断发展给人们的生活带来了巨大便利，但也成为诈骗分子违法犯罪的工具。网络诈骗屡屡发生，但是立案难、取证难、维权难依旧是执法的阻碍。大学生对网络的依赖程度极高，尤其是那些经常在网上购物的女大学生。网课学习、线下作业、购物、娱乐，这些都离不开网络，网络已经成为大学生日常学习和生活的重要工具。诈骗分子利用这一特点，骗取个人信息，进而获取钱财，或者直接向对方骗取钱财。相当一部分大学生虽然网龄长、网络知识丰富，但他们尚未步入社会，生活经验匮乏，很容易成为诈骗分子的作案目标。据调查，50％以上的大学生经历过网络诈骗，网络诈骗的诱因主要是个人信息的泄露，例如，注册各种 App、收发快递信息、预订酒店、网上购买车票等。要预防网络诈骗，就要学习网络安全知识，在遭遇诈骗时不要慌张，冷静应对。

（三）遭遇抢劫

抢劫指行为人对公私财物的所有人、保管人、看护人或者持有人当场使用暴力、胁迫或者其他方法，迫使其立即交出财物或者立即将财物抢走的行为。所谓暴力，是指行为人对被害人的身体实行打击或者强制，较为常见的是殴打、捆绑、禁闭、伤害，直至杀害。这里的胁迫，是指行为人对被害人以立即实施暴力相威胁，实行精神强制，使被害人恐惧而不敢反抗，被迫当场交出财物或任财物被劫走。这里的其他方法，是指行为人实施暴力、胁迫方法以外的其他使被害人不知反抗或不能反抗的方法。抢劫是发生在大学校园中较为严重的，也是对学生伤害最大的一种犯罪形式。抢劫者往往使用暴力强迫学生交出钱财，使其遭受财产损失和心灵创伤的双重打击，更为严重的甚至会损害受害者的生命安全。生理上处于弱势地位的女大学生更容易成为抢劫者的作案对象。因此，各学校必须引起高度重视，采取强有力的预防措施，制定相应的应急制度，建立长效的防范机制，杜绝校园内抢劫案件的发生，维护师生的人身财产安全。大学生也应增强自身防范意识，掌握防范、应对抢劫的基本方法，达到保护自己的目的。

1. 原因

高校抢劫案频发的原因主要有四点。一是社会利益失衡、财富分配不均，部分人铤而走险，走上抢劫的道路。抢劫案的频发是整个社会利益分配的反映。二是高校环境特殊，高校人员密集、人流量大、构成复杂，难免会有不法分子混迹其中。部分高校位于郊区，便于犯罪分子抢劫后迅速逃离现场，这给违法犯罪提供了便利。三是大学生自身胆小怕事，缺乏社会经验和阅历，他们不知如何应对被抢劫的状况。犯罪分子往往利用这一特点，在校内或者高校周边作案。四是部分高校保卫工作还有欠缺，学校对于学生的安全教育还不到位。

2. 类型

高校抢劫案的类型主要有以下几种：

（1）拦路抢劫。拦路抢劫是校园内最为常见的一种抢劫类型，往往发生在学生从寝室到教室的途中，尤其是对于一些经常自习到很晚的同学来说更加危险。歹徒经常会选择在晚上单独行走的女生，并且会劫走一些容易带走的贵重物品以便逃跑。

（2）入室抢劫。入室抢劫是另一种类型的抢劫，主要发生在大部分学生上课，只有小部分学生留在寝室内的时间段。歹徒利用伪装、欺骗、威胁等方式进入寝室，然后用暴力胁迫学生交出钱财。

（3）飞车抢劫。飞车抢劫多见于校外。大多数情况下，飞车抢劫是团伙作案，一人骑摩托车，另一人坐在后座上伺机作案，目标是行人随身携带的贵重物品，如钱包、手机等。

（四）敲诈勒索

敲诈勒索是指以非法占有为目的，对被害人使用威胁或要挟的手段，强行索要公私财物的行为。敲诈勒索也是大学校园中常见的侵财类型。一般而言，不法分子抓住了在校学生的把柄，这些学生因为胆怯或者害怕自己的隐私被公布而向不法分子妥协。女性因为"爱面子"，因此更容易遭到敲诈勒索。

（五）传销

传销是指组织者通过发展人员或者要求被发展人员以缴纳一定费用来取得加入资格等方式非法获得财富的行为。随着互联网的兴起，还出现了一种"新型传销"方式，其不限制人身自由，不收身份证和手机，不集体上大课，而是以资本运作为旗号拉人骗钱，利用开豪车、穿金戴银等方式让亲朋好友加入，最后让他们血本无归。女大学生社会经验和阅历不足，对身边的人盲目信任，很容易陷入传销的泥潭。

传销的类型主要包括以下几种：

（1）"冠名"类传销。以人际网络、连锁销售、资本运作、民间互助理财、资本孵化等为名，该种传销通常打着"西部大开发""北部湾建设""振兴东北""中部崛起""资金二次分配""环渤海湾""京津冀一体化"等旗号。

（2）异地传销。以介绍工作、从事经营活动等为幌子欺骗他人离开居所地并非法聚集参与传销活动，该类型传销民间俗称异地传销。

（3）网络传销。该类型传销打着分享经济、虚拟货币、消费返利、物联网、互助盘、拆分盘等名义发展会员，该类型传销最近两年可以说是非常猖獗。

（4）假"直销"式传销。该类型传销以假借直销为名义，以合法公司为掩护，以销售商品为幌子，以高额回报为诱饵，通过发展业务员等形式发展下线。

三、女性遭遇财产损失的特征

（一）盗窃案件的特征

盗窃案一般有以下共同点。实施盗窃案前有预谋的准备过程；盗窃案现场往往遗落有指纹、脚印等痕迹；盗窃手法具有习惯性；有被盗赃物、赃款可查。因校园内作案场所与作案主体具有不同的特点，高校盗窃案还具有以下特点。

1. 案发时间具有规律性

作案时间上的规律性是指作案时间较为集中，有规律可循。高校内学生的生活、学习、休息时间都比较固定，这种时间上的规律性让犯罪分子对学生的生活情况了如指掌，他们能够完全掌握学生的生活动向，往往在学生不在宿舍或者教室的间隙内作案。一般来说，新生入学期间、上课期间、晚自习期间、活动期间、校内举办大型活动期间、期末考试期间、吃饭期间、节假日期间，学生要么在教室，要么在户外，要么已经返家，宿舍就成为犯罪分子作案的首选；而休息期间、吃饭期间、节假日期间是教室失窃案的频发时间，尤其是中午十二点左右和下午六点左右，学生多去食堂吃饭，在宿舍或者教室的贵重物品无人看守，此时便成了盗窃活动频发的时间段。

2. 作案地点具有特定性

作案地点的特定性指盗窃案往往集中在特定的地点发生。每个高校都有不同的功能区，如宿舍、操场、教室、自习室、图书馆、食堂等。盗窃案往往集中在宿舍和教室内，这些地点贵重物品较为集中，在特定时间段内无人看管，因此容易成为犯罪分子的盗窃目标。

3. 盗窃目标的准确性

盗窃目标的准确性是指大学内盗窃案件的成功率比较高，窃贼得手的机会比较大。具体表现为：大学校园内人口众多，出入频繁，门卫往往不能做到全面的排查，宽松的管理模式让很多不法分子可以混进校园。通过提前踩点儿，他们清楚学生贵重物品的存放位置和学生的作息时间，作案时能够频频得手；大学内有很多盗窃案属于内部盗窃，作案者甚至是本班、本宿舍的同学，图谋不轨的人会留意其他同学财物的存放位置，并对同学的家庭情况以及生活习惯很了解，这给作案提供了极大的便利。

4. 作案手段的多样性

作案手段的多样性是指犯罪分子针对不同的环境和地点，选择对自己最为有利的作案手段，来获得更大的利益。作案手段主要包括顺手牵羊、乘虚而入、窗外钓鱼、翻窗入室、撬门扭锁、盗取密码等。

5. 作案手段的先进性

作案手段的先进性是指行窃手段高明，技术含量高。高校内的作案人员往往是高学历、高智商的人，甚至有的就是大学生，他们借助先进的工具，将自己的才能应用在盗窃上。这类盗窃分子在作案之前经过了缜密的谋划和精心的准备，他们选择适当的时机行窃；作案时，他们会利用先进的工具，达到盗窃的目的；作案后，他们会清除痕迹，不留作案证据，因此很难被发觉，即使被发觉，调查取证也存在很大困难。

6. 作案人员的特定性

作案人员的特定性是指大学盗窃案的作案人员具有相对的特定性。作案人员基本上可以分为周边无业人员、校内务工人员以及在校学生三类。周边无业人员和来校务工人员经常选择教室和家属楼作为作案目标，而在校学生经常会选择他们最熟悉的学生宿舍区域。另外，高校内盗窃案很多都是内外勾结、团伙作案的性质，在校学生将学校的情况告知校外人员，再由校外人员实施犯罪。

7. 作案动机的复杂性

作案动机的复杂性是指大学盗窃案，尤其是内盗案中盗窃分子的主观动机复杂。他们的作案动机主要包括满足自己的享乐需求；经济透支，生活存在困难；报复同学泄私愤；心理扭曲，利用偷窃来满足自己的心理需要。

(二) 诈骗案件的特征

校园诈骗案件的特征主要有以下几点：

1. 流窜作案

高校校园内发生的诈骗案往往是流窜作案，不法分子进行诈骗活动没有规律性，这给警方的侦破工作带来了很大困难。

2. 骗财骗色案件多发

在高校频发的诈骗案件中，女大学生被骗财骗色案件频发。女大学生被诈骗的原因主要有以下几点。女大学生思想单纯，感情用事，生活经验和社会阅历相对不足，诈骗分子利用这一弱点骗取女大学生的信任和好感，从而实施违法犯罪行为。大学校园安保工作没有做到位，目前很多高校实行开放式管理模式，这给学校的保卫工作带来了巨大的挑战，诈骗分子可以轻易地进出校园，不会受到阻碍和盘查。女大学生缺乏自我防范意识，当代大学生多为独生子女，家庭对子女的保护过度。另外，家庭教育的重点也放在了学习上，父母忽略了安全教育，这导致一些大学生缺乏安全意识，尤其是女大学生，从管理严格的高中进入宽松的大学，她们很容易失去判断力，成为被诈骗的对象。

3. 被骗财物难以追回

发生在高校的诈骗案件很多都是流窜作案，这给警方的调查取证工作带来了很大困难。另外，很多在校大学生认为被骗是一件丢脸的事，为了保全名誉，他们宁可忍气吞声，任由诈骗分子逍遥法外。这种怕事的心理正好给了诈骗分子可乘之机。

（三）抢劫案件的特征

校园抢劫案的特征主要有以下几点：

1. 犯罪前进行预谋

抢劫的犯罪性质严重，社会危害巨大，历来是我国法律重点打击的对象。为了逃脱法律的制裁，犯罪分子会在作案前对抢劫的时间、地点、对象、手段以及逃跑的方法进行细致的规划。在大学校园内，没有反抗能力的女大学生成为犯罪分子的首选目标。

2. 团伙作案

抢劫案的犯罪分子通常是团伙作案，成员较为固定。抢劫是暴力型犯罪，在犯罪过程中会与被害人有正面的接触，会遭到被害人的反抗。团伙作案能够制造人多势众的氛围，给被害人在心理上施加压力，使其不能反抗或者反抗不成，从而轻易地达到目的。另外，抢劫犯罪团伙一旦形成，就不会再吸纳新的人员，团伙人员比较固定。他们在抢劫前一起规划，抢劫后一起挥霍。一人被抓后，他们往往不会供出其他作案人员，这给警方的侦破工作带来极大的困难。

3. 持械作案

犯罪分子多持械作案，手段残忍。抢劫犯罪的直接目的是夺取财物，为了达到这一目的，犯罪分子不择手段、不计后果，利用刀等器械威胁被害人交出财物。

4. 流窜作案和反复作案

抢劫案的犯罪分子大多都流窜作案，甲地作案，乙地销赃，以此来逃避公安机关的打击。另外，这一类案件的犯罪分子很多是刑满释放人员，他们屡教不改，具有很强的犯罪意识，一旦作案得手就会一发不可收拾，作案次数越来越多，抢劫金额越来越大。

（四）敲诈勒索案件的特征

敲诈勒索是指以非法占有为目的，对被害人使用威胁或要挟的方法，强行索要公私财物的行为。其行为主要有以下特点：

1. 对财物所有人或持有人进行恐吓

行为人以将要实施的积极的侵害行为对财物所有人或持有人进行恐吓，例如，以将要实施杀害、伤害、揭发隐私、毁灭财物等进行恐吓。由此可见，本罪只能以作为方式实施，不可能是不作为。制造、散布迷信谣言，引起他人恐慌，乘机以帮助驱鬼消灾为名骗取群众财物的，以及面对处于困境的人的求助请求，以不给钱就不予救助等，都不能认定为敲诈勒索行为。

2. 恐吓与财物所有人或持有人有利害关系的人

行为人扬言将要危害的对象可以是财物所有人或持有人，也可以是与他们有利害关系的其他人，例如，财物所有人或持有人的亲属等。

3. 威胁的方式具有多样性

威胁的方式可以多种多样。例如，可以当着被害人的面用口头、书面或其他方式表示，也可以通过电话、书信方式表示；可以行为人亲自发出，也可以委托第三者转达；可以明示，也可以暗示，这都不影响本罪的构成。

4. 威胁要实施的侵害行为有多种

有的是当场可以实现的，如杀害、伤害，有的是当场不可能实现，必须日后才能实现的，如揭发隐私等。需要注意的是，行为人威胁将要实施危害行为并非意味着发出威胁之时不实施任何危害行为，如威胁将要实施伤害行为，但在威胁发出之时实施相对轻微的殴打行为，或者威胁将要实施杀害行为，但在威胁发出之时实施伤害行为。此种当场实施较轻加害行为同时威胁将来实施较重加害行为的方式，可能影响行为人实际触犯的罪名和符合的具体犯罪数量，我们应当结合具体案件情况予以判断。

（五）传销的特征

传销团伙一般有以下几个特点：

1. 经营者通过发展人员、组织网络等从事无店铺经营活动，参加者之间上线从下线的营销业绩中提取报酬；

2. 参加者通过缴纳入门费或认购商品（含服务，下同）等变相缴纳入门费的方式，取得加入、介绍或发展他人加入的资格，并以此获取回报；

3. 先参加者从发展的下线成员所缴纳的费用中获取收益，且收益数额由其加入的先后顺序决定；

4. 组织者的收益主要来自参加者缴纳的入门费或以认购商品等方式变相缴纳的费用；

5. 组织者利用后参加者所缴纳的部分费用支付先参加者的报酬，以维持运作；

6. 其他通过发展人员、组织网络或以高额回报为诱饵招揽的人员从事变相传销活动。

第三节 女性财产安全防范与危机处理

高校不仅是大学生学习的场所，还是他们日常生活的场所。高校中的各种财产损失案件极大地侵害了学生的财产安全，作为女大学生，我们应该如何防范财产损失呢？

一、女性遭遇盗窃案件防范与危机处理

（一）校园日常防盗

日常防盗最重要的是加强安全防范意识，保护好自己和同学的财物。养成良好的习惯需要做到以下几点：

1. 随时关门关窗，即使短时间地离开宿舍或者教室也要锁门，不给盗窃分子机会。

2. 不在宿舍内留宿他人。生活中同学、朋友来访很普遍，有些大学生对这些人并不是很了解，就轻易让他们留宿。随便留宿不知底细的人等于引狼入室。

3. 对形迹可疑、鬼鬼祟祟的人要提高警惕。学校人员来往频繁，宿舍、教室进出自由，这给了盗窃分子可乘之机。在这种情况下，提高警惕就变得尤为重要。发现形迹可疑的人在教室或者宿舍窥探、徘徊，我们应该主动上前询问。出于心虚，盗窃分子往往会露出破绽，这时应该马上报告学校保卫人员，同时稳住作案者，防止其逃跑。

4. 积极参与安全值班，维护集体利益。大学生作为学校的一分子，应担起维护集体财产安全的责任，积极参与学校的安全值班，这既保护了学校的财产安全，又锻炼了自己。

5. 女大学生夜间遭遇入室盗窃时，要量力而行，首先要保护自己的人身安全。敢于入室盗窃的小偷多携带凶器，他们受到刺激后很容易将盗窃行为转化为抢劫行为，这对他人的安全威胁极大。遇到这种情况，我们要躺在床上不要动，假装睡着，找机会记下小偷的体貌特征，为公安机关提供破案线索。

（二）易被盗物品防盗

大学内的易被盗物品通常是现金、有价证卡和其他贵重物品。对于易被盗物品的防盗，应做到以下几点：

1. 现金是所有盗窃分子的首选对象，将现金存入银行是最好的保管办法。

2. 有价证卡最好放置在贴身的衣袋中，衣袋应配有拉链或纽扣。有价证卡的密码一定要妥善保管，避免泄露。

3. 手机、电脑、高档衣物、首饰等贵重物品暂不使用时，应锁在抽屉或者柜子里，防止被顺手牵羊。存有贵重物品柜子的钥匙要妥善保管，避免被盗。另外，应在贵重物品上做好记号，以便丢失后进行查找。

（三）具体场所防盗

1. 在图书馆学习时，不要将贵重物品放在视野之外，不要将衣物随意搭在椅背上，不要用书包或者衣物占位。

2. 进行体育活动时，不要携带大量现金，尽量不带贵重物品；运动过程中如有衣物不便携带，应放置在安全的地方，不要将衣物交给陌生人看管；如果在自己的物品周围发现可疑人员，应上前询问，并立即将物品拿走。

3. 在食堂就餐时，应做到贵重物品不离手。中途离开时不要将贵重物品放置在座位上；排队打饭时要注意周围环境，防止有人扒窃。另外，书包不要背在身后，应放在视线范围之内。饭卡要管理妥当，不要随手乱放，如有丢失，应立即挂失。饭卡应设置限额和密码，减少丢失后的损失。

4. 逛街购物时应注意"财不外露"，付款时要观察周围是否有人注意，清点好现金后再离开；需要试衣时要将衣物、背包交给同伴保管，没有同伴的，应将物品放置在试衣间内，不要离开视线；逛街时同伴之间要相互提醒，留心自己或者同伴的财物是否安全；一旦发现财物被盗，且判断窃贼还没有离开现场，要马上采取措施追回财物。例如，在公交车上被盗时，应通知司机关闭车门，然后报警等待警察来处理。

（四）财物被盗后的应对方法

1. 一旦发现失窃，应马上报告学校保卫人员和当地的公安局，同时封锁和保护现场，等待警察的到来，不要立即去清点自己丢失了哪些财物，破坏现场。

2. 发现疑似盗窃的人员，应立即上前询问，必要时可以组织围堵，防止窃贼逃跑。围堵过程中要注意安全，防止窃贼行凶伤人；如果不能控制住窃贼，要记下他的样貌、衣着、特征，为后续公安机关抓捕提供线索。

3. 财物被盗后要第一时间报失，必要时要直接报警。不要因为被盗财物数额小就不以为意，更不能对公安机关的侦查能力持怀疑态度。报案后，报案人要积极配合公安机关的调查取证，主动地提供线索，不得隐瞒。事不关己，高高挂起和怕打击报复而不愿提供线索的做法会给侦破工作带来极大的困难，使犯罪分子逃避法律的制裁。

（五）猝遇盗贼的应对方法

1. 大学生上课时间不一，无论是上课还是下课时间，宿舍楼内都会有或多或少的同学。如果在宿舍内发现盗贼，要及时地采取措施防止盗贼逃跑，并尽快告知其他同学。

2. 大学宿舍人多势众，绝大多数盗贼不敢与学生发生正面冲突。如遇到盗贼正在作案，要尽快寻找可以自卫的工具，如棍子、板凳等，然后大声呼叫引来同学援助。如果盗贼行凶，可以进行正当防卫。

3. 绝大多数女生在生理上不占优势，要与盗贼保持安全距离，将自己的生命安全放在第一位，尽量避免与盗贼发生正面冲突，可以向男同学寻求帮助。一般来说，团伙作案被发现后，很容易出现行凶伤人的情况，要随机应变，注意安全。

4. 窃贼一旦被抓，应一面将其控制住，另一面通知学校保卫部门来处理，必要时可以直接将其送至学校保卫部门。在控制盗贼的过程中不能大意，应防范盗贼趁机逃走。另外，采取强制措施时要注意分寸，不能随意殴打辱骂，如果造成伤残需要承担法律责任。

5. 如果盗贼已经逃脱，应记住其特征，以便公安机关破案。

（六）财物丢失后的处置措施

盗窃除了造成直接的财产损失之外，还会造成重要个人信息的泄露，这对大学生的日常生活影响很大，我们有必要采取以下补救措施：

1. 平时要定期备份手机中的重要个人信息，对隐私信息、通讯录要进行保密设置，否则一旦丢失，这些信息就会被不法分子利用来进行诈骗。另外，重要信息丢失本身造成的影响也是十分严重的。手机丢失后要尽快去当地营业厅挂失和补办手机号。

2. 身份证被盗后要立即去户口所在地派出所进行补办。正式身份证补办时间较长，我们可以先补办一张临时身份证。身份证是日常生活、工作中的重要证件，一定要及时补办，避免被犯罪分子盗用。

二、女性遭遇诈骗案件防范与危机处理

（一）日常防范措施

1. 遇到诈骗分子伪装成远房亲戚、同学、老乡等这种方式的诈骗时，要注意甄别身份，不要急于表达自己的态度，冷静观察。对于不了解、不熟悉的人，不可盲目听从。

2. 要尽可能从正规渠道找工作，如学校组织的供需双方见面会，也可以到人才市场，但不要随意地通过网络、小广告这类途径找工作。我们应从多渠道了解招聘单位的基本情况和担任职位的工作性质，或者亲自到单位进行实地考察。大学生在勤工俭学期间要注意自我保护，应去正规的单位工作，遇到非法招工、合同诈骗，应立即报警。

3. 应告知家长，如果他们接到自己急需用钱的电话或者短信时，应立即

核实身份，不要因为慌张而盲目汇款，避免被骗。

4. 不要轻易相信任何中奖信息，如果收到这类信息，要和相关部门进行核实。如果收到银行发送的取款提示的短信，要提高警惕，打电话进行查询。

5. 遇到推销假冒伪劣产品的诈骗时，要切忌贪小便宜心理，不要轻易地相信，也不要不好意思拒绝。一旦有意外的"好运"找上门来，要认真辨别，不给诈骗分子机会。

6. 当今大学生生活离不开网络，骗子利用网络进行诈骗的事件屡屡发生。在接触网络时，要加强防范意识，浏览官方网站，还要谨慎发表言论。网络购物时，要到正规的交易网站或者 App 进行。遇到网络诈骗，要及时向公安机关举报。

（二）被骗时的应对措施

1. 与对方交往时，要注意观察他的言行举止，要观察对方的神态是否镇定、言语是否前后一致、所持证件是否真实，必要时可以和老师、同学商量，听取他们的建议，不要轻易相信对方。

2. 在交往中如果认为对方有可疑之处但是又不能确定时，应先与对方周旋，寻找对方的漏洞，来证明自己的想法。在确认身份之前，不要将自己的信息透露给对方。

3. 如果发现自己已经陷入了骗局，不要慌张，也不要和对方吵闹，以防止对方采取暴力措施，应让对方放松警惕，脱离控制后再报警。

4. 被骗造成财物损失后，要勇于揭露对方的骗局，追回自己的财物。必要时可以请求老师、同学和警察的帮助，让诈骗分子知难而退。

5. 报案后要积极协助警方的侦查工作，提供骗子的相关线索，并提醒身边人不要犯同样的错误。

6. 如果财物无法追回，要及时从被骗的阴影中清醒过来，不要让这件事影响自己的学习和生活，也可以寻求心理老师的帮助。

三、女性遭遇抢劫案件防范与危机处理

（一）日常防范措施

1. 尽量避免在夜间外出，如果有特殊情况需要外出时，最好让老师、同学陪同。夜间外出要避开偏僻地段，还应尽量避免晚归和夜不归宿。

2. 外出时不要携带大量现金和首饰，贵重物品不外露，不和他人炫耀。如需携带大量现金，最好选择公共交通工具。

3. 如果无法避开偏僻地段，要多注意身后是否有人跟踪，如发现有人跟踪，可以大声呼叫熟人名字，并往人多、灯光多的地方前进。

4. 取款尽量在校内进行，如果需要到校外银行取款，最好请同学陪同。取款时要注意周围环境，防止有人窥探，离开银行时，要注意观察是否有人跟踪。

5. 单独一人在宿舍时要提高安全防范意识，如果有陌生人敲门，不要马上开门，要多加询问，确认身份后再开门，防止歹徒抢劫。

6. 尽量不要在校外住宿，校外治安环境不如校内好，而且没有同学的援助，容易造成危险后果。

7. 骑车外出时要将钱包等贵重物品放好，防止遭遇飞车抢劫，还要尽量避免背单肩背包。需要停车时，应先把随身的贵重物品放好，不给歹徒抢劫的机会。

（二）遭遇抢劫的应对

1. 遭遇抢劫，首先要在思想上保持冷静，不要惊慌失措。要积极与歹徒周旋，可利用有利地形或者身边可以用来充当自卫工具的物品与歹徒对峙，使歹徒在短时间内无法近身，以拖延时间等待援助。

2. 女性力量较为弱小，无法正面对抗歹徒。我们可以寻找时机，向有人、有灯光的地方逃跑；遭遇抢劫时，如果发现追回自己的财物无望，我们应及时放弃，向公安机关报案，不应和歹徒纠缠，以免造成更大的损害。

3. 已经被歹徒控制时，我们要按照歹徒的要求交出财物，以免刺激歹徒的情绪，导致其行凶伤人；我们可以与歹徒在言语上进行周旋，表明自己没有反抗意图，使歹徒放松警惕，给自己制造机会逃跑。

4. 遭遇抢劫后，要牢记歹徒的特征，及时报案，积极配合警方的调查布控。

5. 无论在任何情况下，遭遇抢劫时，我们要找机会大声呼救，引起周围行人的注意。

6. 抢劫案与其他财产侵害案件不同，往往伴随着暴力。女大学生在遭遇抢劫时要将自己的生命安全放在第一位，然后再考虑保护自己的财产。

四、女性遭遇敲诈勒索案件防范与危机处理

敲诈勒索主要是指行为人以非法占有为目的，对他人进行要挟进而索取一定数额公私财物的行为。防范敲诈勒索，要做到以下几点：

（一）不贪小利，做好防范

不贪图小利，不接受不义之财，以免给敲诈者以把柄。增强自身防范意识，如遇陌生人打听个人隐私，要谨慎对待，识破其敲诈勒索的圈套。

（二）直面歹徒，勇于报警

对不法分子的妥协只会助长他们的嚣张气焰，我们应摒弃"破财免灾"的错误观念，及时报警。

（三）沉着冷静，择机报案

无论不法分子利用什么手段进行威胁、恐吓，我们都不要惊慌，更不能一

味服从。在接到敲诈信息后，我们要第一时间向家长、老师报告，如实叙述事件过程，请他们帮忙处理，如有必要，应在他们的陪同下向公安机关报案。

（四）善于观察，寻机求助

在被不法分子控制时，我们要积极与他们周旋，要利用身边的有利形势寻求他人的帮助，不要因为害怕泄露个人隐私而独自面对敲诈行为。

五、女性陷入传销的防范与危机处理

对于年轻女性，尤其是求职女性来说，我们要擦亮眼睛，要避免从不规范的网站上找工作。在求职过程中，要学会辨别信息的真伪，如果发现虚假的招聘信息，要第一时间报警，防止被骗。对老同学、老朋友提供的不合理的招聘信息一定要多加分析，谨防掉进陷阱。另外，传销组织无外乎是抓住求职女性渴望"发财"的心理进行作案，找工作时，我们如果遇到"天上掉馅饼"的好事，那基本就可以确定是传销了。要摒弃一夜暴富的心态，远离传销组织。另外，防范传销要注意以下几点：

（一）假借朋友关系，诱骗入套

传销最重要的手段就是拉人头，他们通过不断发展下线来获利。这种方式对陌生人效果不大，因此传销人员往往从身边人下手。对于大学生而言，如果有很久没有联系的老同学、老朋友突然与你联系，说有很好的工作机会或者赚钱手段，我们就要提高警惕；一些同学喜欢在网上交朋友，对待网友更要谨慎，这些人可能是传销人员假扮的，目的是拉你下水。

（二）虚假关怀，循序善诱

陷入传销组织后，传销头目往往会假意地关心你，与你谈心，实际上这是在摸你的底细。这时你可以假装对周边的环境很熟悉，或者附近有很多认识的人，这样传销组织往往不敢对你怎么样。

（三）深度"洗脑"，发展下线

在被传销组织"洗脑"时，不要表现得过度抗拒，也不要争论或者讨论，不要轻易地做出承诺。一般来说，在"洗脑"半个月后，他们会将你送走去发展下线。

（四）观察环境，择机求救

全天的监视让脱身变得极其困难，但也不要轻易放弃脱身。在外时要注意周边的环境和标识，尽快明确自己所处的位置，也可以找时机逃跑或者求救。如果被控制在房间内不让外出，可以利用房间内的物品求救。例如，在钱上写上求救信息然后扔出窗外，有人捡到钱后便会报警。

第三章 女性网络生活安全防范与危机处理

近年来，我国网络发展迅速。2021 年 2 月 3 日，中国互联网络信息中心（China Internet Network Information Center，CNNIC）在京发布第 47 次《中国互联网络发展状况统计报告》（以下简称《报告》）。《报告》显示，截至 2020 年 12 月，我国网民规模为 9.89 亿，互联网普及率达 70.4%，较 2020 年 3 月提升 5.9 个百分点。其中，农村网民规模为 3.09 亿，较 2020 年 3 月增长 5471 万；农村地区互联网普及率为 55.9%，较 2020 年 3 月提升 9.7 个百分点。

随着互联网的迅速发展，网络已经成为人们生活和学习中必不可少的重要部分。网络能够给人们提供大量信息，能够给人们创造广阔的学习空间，能够给人们增进知识、开阔眼界、交往互动、娱乐休闲及自我展示提供重要平台。但是，随着科技与互联网技术的发展，人们在便捷地获取信息的同时存在一定的安全隐患，如网络不良信息的传播、网络侵权犯罪、信息隐私泄露等。在互联网时代，我们的日常工作和生活已经离不开网络，近年来网络犯罪问题日益凸显，我们广大女性同胞应怎么做呢？

第一节 女性遭受网络安全危害的典型案例

不要轻信来历不明的电话和手机短信，不管不法分子使用什么花言巧语，都不要轻易相信，要及时挂断电话，不回复手机短信，不熟悉的无线网络不要接入，也尽量不要在公共场所使用支付宝等网络支付方式，不给不法分子进一步布设圈套的机会。

一、网络支付下的风险

【案情回放： 支付转账诈骗】

2020 年，女大学生权某考上了心仪的大学。由于家庭条件一般，入学的第一年，权某就从网上接了一些刷单的任务挣钱。某天下午，权某在一个刷单的语音平台上找到一个任务，有人发布了刷单任务，权某加了对方的 QQ 号，对方让权某在淘宝上搜索男士短袖，权某找到他说的商品后购买了一件 89 元的男士短袖，买过后对方给权某返回 397 元，按之前说的对方应该给权某返 97 元。因此，权某又用支付宝给对方退回去 300 元。退回钱后对方让权某帮个忙，对方称自己的支付宝上没钱了，并给权某发了个截图，截图上显示对方给权某的银行卡转了 800 元，他让权某给其支付宝转 800 元，权某给他转过后，对方又给权某发来截图，显示给权某网银上转了 1000 元，权某又给对方支付宝上转了 1000 元。转完后，权某发现自己银行卡上的钱没有到账，并且对方把自己拉黑了。

【案情回放： 蚂蚁花呗套现二维码诈骗】

女大学生王某沉迷于网络游戏，她在游戏中冲点卡、买装备花费了很多钱。2020 年某天，王某为了买游戏中的一个道具，找到了淘宝上的一个店铺，店铺名是专业点卡销售 100 年。王某和店铺的客服聊天，对方说可以用"蚂蚁花呗"套现购买，然后让王某加其 QQ，王某加了对方后聊了套现的相关事宜，对方给王某一个 1998 元的二维码让王某扫描，王某扫描支付后对方就把王某拉黑了。

【评析】

骗子利用"轻松挣钱"做诱饵，易受骗人群也多是家庭条件一般的女性，她们希望以兼职的形式挣钱减轻家庭的负担或者满足自己的消费。骗子给这些女性提供虚假的公司备案信息，以骗取信任，随后伪造后台交易记录，打消女性的疑惑。

二、网络互动平台里暗藏的危机

【案情回放： 女大学生陷"网络直播" 骗局】

2020 年 4 月，某高校学生小程收到"某国内大型网络互动直播平台"发来的私信，其称只要给直播间某主播挂机顶人气就可以轻松挣钱。小程心想，反正大多数时间都在上网，何不利用这些时间玩着赚钱。于是，小程按照对方要求先交 98 元注册了一个基础账号，又给对方转账 800 元，买 400 个"水军"账号，连同系统赠送的 200 个"水军"账号，用于给主播顶人气，接着登录网页进行操作，系统提示顶人气的同时会计时，按购买的任务和时间长短返还酬劳，于是小程又转账 1280 元做任务。随后对方又以激活资金为由，诱骗小程继续转账。眼见转账金额越来越大，小程开始怀疑对方的身份，想要退出，对方却以放弃任务不能领取报酬为由拒绝小程的退款要求。小程这才意识到被骗，立即打电话报警。

【评析】

骗子利用女学生"反正大多数时间都在上网，何不利用这些时间玩着赚钱"的心理，以时下比较活跃的"直播间某主播挂机顶人气"为由，设下圈套让女学生上当受骗。

在进行网游、网购和网赚的时候，切不可轻信网页弹出的诱人广告和不明链接，不要轻易向陌生人透露身份证号、手机号、银行卡号、支付账号及密码等隐私信息，也不要随意扫码，以免遭遇诈骗和钓鱼链接。对于主动"打赏"给主播这类事情也需要提高警惕，在直播平台主动送礼物给主播的，其间如并未发生任何诈骗行为，公安机关不能受理案件。

三、网上办理各类等级证书中的危机

【案情回放：网上办理英语、计算机等级证书诈骗】

2020 年 5 月，已经大四的女大学生贾某一直没有通过英语的四级考试，眼看就要毕业找工作，她心急如焚。某天，她上网时在贴吧看见一个可以办理英语四、六级等级证书的帖子，贾某与帖子上留的电话联系上了。对方称可以办证而且此证在网上可查，并要求贾某缴纳操作费、办证费、邮寄费等各项费用 5000 元。贾某觉得只要能办成证多花一点儿钱也可以接受，双方协商后，贾某先交了 2000 元的定金。过了一天，对方又说如果再加 1000 元的话可以帮其办理一张计算机二级的证书，这张证书单独办理的话需要 3000 元。贾某考虑过后同意办理，又给对方转了 1000 元。贾某转过账后，就再也联系不上对方了。

【评析】

骗子抓住部分学生急于得到相关证书的心理，通过网上贴吧、论坛等渠道，以办理各种合格证书为诱饵，向学生们行骗。在生活中，大学生切记不要轻易相信网络信息，非正规网站的信息可信度不高；不要轻易相信办理各类证书的信息，如需要合格证书，请端正态度，参加国家相关考试。

四、网络平台交往中的风险

【案情回放：盗用 QQ 或其他社交账号】

2020 年某天，杜某发现自己的 QQ 在异地登录了，对方是用手机登录的，不显示 IP 地址，并且对方给自己的所有好友都发了信息，内容是说杜某的朋友有急事要用钱，让对方打 800 元钱到他说的微信上。杜某有两个朋友给对方回信息了，对方给他们发了一张假的图片，显示钱已经打到他们的账号上了，还说因为有延迟得等会才能收到，杜某的两个朋友每个人给对方所提供的微信上打了 800 元。

【评析】

嫌疑人盗取受害人的社交账号，通过社交账号向受害人的关系人发送信息，用受害人常用的网络虚拟身份对别人进行诈骗，因为是自己平时熟悉的社交账号发来的消息，受害人的朋友也就轻信了信息，没有核实对方的真实身份。骗子利用盗取的账号对该账号内不特定的人发送消息，且不与账号中的朋友过多地聊天，避免让他们发觉自己的虚假身份，并抓住他们为朋友解决燃眉之急的心理实施诈骗行为。

五、网络平台上某些诱骗信息中暗藏的危机

巩固自己的心理防线，不要因为贪小利而受不法分子诱惑短信的蒙骗。无论什么情况，我们都不要向对方透露自己及家人的身份信息、存款、银行卡等情况。如有疑问，我们可拨打 110 求助咨询，或向亲戚、朋友、同事核实。

【案情回放： 诱骗女性帮忙贷款、 教育、 消费诈骗】

2019 年，在湖南上大学的唐某看见有人在学校的广场上宣传学生信用贷款，唐某就留了自己的联系方式给他们。过了几天，一个工作人员称自己为了完成公司分配的任务可以提供校园贷，并承诺首次可以免费领取 2000 元，后期贷款利率减半，但需要提供其身份信息和头像照片等。唐某信以为真，就将自己的身份信息告诉了这个工作人员，并配合这个工作人员的要求拍了张照片发了过去，这个工作人员随后转账给他 2000 元人民币。过了一段时间，"分期乐""名校贷""优分期""99 分期""人人分期""拍来贷"等多家大学生网络贷款平台给他打电话或者发短信催其偿还贷款，唐某这时候才知道自己的信息被骗子利用，而此时，这个工作人员也已经联系不上了。

【评析】

骗子利用唐某贪图小利的心理，使用"好处费"来诱骗他上当。大学生社会经验不足，法律意识淡薄，在金钱的诱惑下难以自持，加上骗子的蛊惑，不知不觉地走进陷阱。骗子多选择在广场这种人流量大、社会关系复杂的地方对大学生这一群体进行诈骗。

对于大学生来说，向网络贷款平台伸手借钱的行为也是饮鸩止渴。网络媒体的虚假宣传、大学生的超前消费和虚荣心理、社会上的拜金享乐主义都是大

学生进行网络贷款的动机，而这些网络贷款平台十分混乱，国家层面又存在征信体系的不完善，大学生网络信贷平台行业充斥着野蛮生长、无序扩张、虚假宣传、高利贷陷阱等乱象，没有统一、严格的行业标准和监管标准，其对大学生的贷款基本没有审核，借款限额一般都超过大学生的还款能力，最后都要父母去买单，而且偿还利息和手续费都很高。因为这类贷款通常无抵押，这些平台催款往往伴随着骚扰、恐吓等违法行为，这已经成为校园内的不稳定因素之一。

【案情回放：补贴退税类诈骗】

郑某考虑许久，攒钱买了一辆中华 V5 汽车，十分爱惜。就在郑某购置完汽车一个礼拜后，他突然接到一个电话说买车有 3000 元补贴。第二天上午，对方发过来一条信息，让郑某跟另一个客户经理联系补贴的事情，对方在电话中报了一个银行账号，称通过 ATM 机操作领取补贴。到了银行以后，郑某按照对方的指示一步一步操作，随后他的银行卡被转走 22300 元。郑某发现自己上当后，打了报警电话。

【评析】

这是典型的个人信息泄露造成的电信网络诈骗案件，骗子通过非法渠道获取了受害人购置汽车的时间、车型等信息，又通过购置单上的买车信息了解了郑某的姓名、电话等个人信息。因骗子在郑某购买车后不久联系到他，并对他买车的情况十分了解，郑某下意识认为这是汽车销售商联系自己，便陷入了骗子的圈套。

六、网络中的虚假信息风险

【案情回放：冒充熟人、领导诈骗】

2020 年某天下午，张某在宿舍玩手机，一个人通过 QQ 号加其为好友，张某以为该人是之前认识的一个朋友国某，便在 QQ 里和对方聊了一会儿。对方说自己出海在船上没有信号，让张某替其缴纳护照和船员证的费用，并让张某跟一个海南的手机号联系。张某打通电话后，对方称需要费用 12800 元，张某说手里只有 2800 元，对方说可以先缴纳一部分，并发过来一个招商银行的卡号。张某通过支付宝向这个卡号转过去 2800 元，之后感觉不对劲，便询问国某的妹妹，国某的妹妹说国某根本没有出海，张某发现自己上当受骗。

【案情回放：虚假的中奖类诈骗】

2020 年，王某的妻子金某接到一条陌生短信息，称：金某的手机号码被某综艺栏目抽中获奖，奖品为现金 16 万元及苹果电脑一部，需登录网站办理。金某信以为真，便与丈夫王某联系，让王某向某支付宝账户转账 5000 元钱手续费。王某接到妻子亲自打来的电话也没有多想，便按照她的要求打款。但是过了一会，王某又接到妻子金某的电话，让其继续打款 3500 元，王某感觉不对，遂报警。

【评析】

虚假中奖诈骗是骗子借助网络、短信、电话、邮箱等媒介为平台发送虚假中奖信息，如以"跑男"等热播节目组的名义向受害人群发消息，称其已被抽选为节目幸运观众，将获得巨额奖金或奖品，他们以巨额奖金或奖品为诱饵，继而以收取手续费、保证金、邮资、税费等为手段实施连环诈骗，诱骗受害人向指定的账户汇款转账。在现实生活中，不要抱有"天上掉馅饼"的思想，就像笑话书里讲的，如果哪天天上突然掉下来一块大"馅饼"，那你要小心了，因为这"馅饼"不是圈套就是陷阱。现在的商家和电视节目为了盈利和博得收视率，有时会以购物中奖返利和发送短信抽中幸运观众的形式吸引人们消费和关注。骗子正是利用了这种手段对一些受害人实施诈骗，让受害人觉得自己幸运中奖，飞来横财。

对于传统手法中利用中奖信息诈骗，很多人已经知晓并具有一定的防范意识，但骗子也在与时俱进，他们用现在年轻人最喜欢的方式，利用智能化的社交媒体或各种时尚载体，对骗局进行精心包装后再引人上钩。诈骗的方式多样了，但是诈骗的本质没有变，我们还是要牢记：正规机构、正规网站组织的抽奖活动不会让中奖者"先交钱，后兑奖"；不要随意点击"中奖"短信、微信、QQ 信息中的链接，避免在虚假中奖网站上填写任何资料，以免泄露个人信息；切勿轻信"中大奖""免费送"等噱头，牢记天上不会掉馅饼，要保持较高的安全防范警惕性，不轻易透露个人身份信息、银行账户及密码、验证码等重要信息；与陌生人进行现金交易时务必要再三核实，并通过正规交易平台进行；一旦发现上当受骗，要及时报警。

【案情回放： 冒充电信、 银行客服类诈骗 】

2019 年某天，文某收到中国建设银行（95533）发送的短信，说要进行个人信息核实认证，并要登录 wap. cbin. cn，未核实账户将于 24 小时冻结。他点击链接打开中国建设银行的官网后将个人信息都输入了，然后收到短信让其输入支付验证码，结果银行卡显示消费 1645 元。

【案情回放： 贷款类诈骗 】

2020 年 7 月，某省某高校学生何某在手机上下载了一个名叫"来分期"的 App 进行贷款，下载完成后她接到 App "客服"来电，"客服"要求何某添加她的 QQ 号，在 QQ 上教何某如何进行贷款操作。何某在"客服"的指导下在平台上贷款 15000 元，之后发现自己的 App 账户被冻结。"客服"称是何某操作失误导致，需要缴纳 3500 元解冻费，何某缴纳解冻费后，对方又以账户流水不够、操作次数太多、信誉度不够等多种理由让何某 4 次转账，总计 63000 元。之后，对方又以其操作有误为由，让其缴纳 24000 元，何某这才意识到自己可能被骗，随即到公安机关报案。

【评析】

骗子冒充贷款公司工作人员电话联系受害人，以"无抵押、低利息、秒到账"等条件进行诱惑，诱导受害人点击链接下载虚假贷款 App，并填写银行卡、身份证等信息。然后，骗子会以"银行卡信息填写错误"为由让其缴纳"保证金"，以"资金被冻结"为由让其缴纳"解冻费"，以需要提升"征信力"为由让其缴纳"信用费"，或者以检验还贷能力、刷流水等各种理由诱骗受害人转账汇款。同时，从上述案例可以看出，受害人往往在被骗后短时间内就能发现骗局本身。这说明如果我们在被骗时有一定的防范意识或者有一定的思考时间，就能拆穿骗局，但是骗子就是在这犹豫期间一直拨打电话干扰受害人，使受害人在紧张害怕的心理状态下来不及思考。有的受害人已经有了一定的防范意识，比如查询所称单位的电话号码，但没有进一步核实就再次陷入骗子的骗局中来，一旦进入骗子的节奏，再想从骗局中脱离就困难了。一般来说，公检法机关对任何一起案件所涉及款项的保全、扣押、收缴、追缴都需出具正式的法律文书，不出具法律文书的财产处置都是不合法的。

七、网络缴费中潜藏的风险

【案情回放： 缴纳各种费用诈骗】

2020 年 3 月的某天，李某接到一个陌生电话，对方称自己是中央台某栏目组工作人员刘某，他让李某购买一套 1380 元猴年银币就能成为会员。几天后，对方又打电话称自己能给李某办一个文化和旅游部文化代表的名额，但需要缴纳手续费 40000 元，李某说自己没有那么多钱就不办了。几分钟后，李某又接到一个电话，对方称自己是财政部的高部长，说能减免 10000 元，李某说自己没有那么多钱，没有缴纳这个费用。过了几天，对方又打来电话，称文化代表的名额已经不多了，如果不抓紧办理可能就没有名额了，问李某还考虑不考虑，并称如果李某真想办理的话就特事特办，可以先行缴纳 15000 元，后期的费用可以在办理好以后再支付。李某听后不想错过这个机会，虽然心存疑虑，仍将 15000 元手续费转入了对方提供的账号中，几天后李某通过电话与对方联系时，对方称他的文化代表名额已经报上去了，等待审批，文化代表需要集中培训，还需要缴纳培训费用 9000 元。李某这时候觉得自己上当了，随后给中央电视台的工作人员打电话进行询问，电视台的工作人员称根本没有这样的事情，李某这才确认自己上当受骗了。

【评析】

当我们与陌生人交往时，我们会产生自我保护的潜意识，这种潜意识会让我们产生警戒心，会让我们更加谨慎。当我们和熟人交往时，我们会因为熟悉对方而放下警戒心，会更有亲近感。骗子正是抓住人们这个心理，强调事情的严重性、紧迫性，给受害人的心理造成压力，我们即使有时想去核实情况也会碍于时间、面子而放弃，从而受骗。

冒充领导这种骗术能够成功正是因为社会上一些人相信"有领导好办事"。他们相信领导手里的某些"特权"能帮助自己得到便宜，骗子会让受害人觉得这是领导特殊"照顾"自己，自己和别人不一样，自己是幸运的、得到垂青的。受害人在得到地位或者名誉上的"满足感""成就感"时会降低戒心，从而让骗子达到欺骗自己钱财的目的。

八、网络转账中的风险

【案情回放： 网上代办信用卡诈骗】

2020 年 7 月的某天，钟某在网上找了一个代办信用卡的网站，并留下了个人的身份证号等信息。第二天有个 137 的号码和钟某联系，对方自称姓刘，是上海一家担保公司的工作人员，其跟钟某说了如何办理信用卡和收费标准，需要 300 元的包装费和 1500 元的服务费。钟某用支付宝给对方的银行卡转了 300 元。三天后，钟某收到对方邮寄过来的信用卡，快递单上没有发货地址，扫描二维码后发现对方是湖北省孝感市的，钟某又用支付宝给对方转了 1500 元的服务费。转过钱后，钟某和寄件人联系，对方说钟某收到的信用卡需要激活，得做一个 5800 元的银行流水，让钟某给他打 5800 元。两天后，钟某用支付宝给对方转了 5800 元，下午的时候对方说激活超时了，让钟某再打 3123 元，钟某又用支付宝给对方转了 3123 元，转完后，对方又说钟某转的这两笔钱对接不上，让钟某再重新补交 5800 元。钟某觉得古怪，没有给对方转，她让对方退钱，对方坚决不退。

【评析】

一些人通过正规渠道办不了信用卡或者银行卡，骗子通过许诺可以快速办理或者可以办理高额度的信用卡吸引受害人上当。受害人对信用卡相关手续不熟悉，不法分子以服务费、激活费等形式多次向受害人索要财物。

【案情回放： 创业基金申请诈骗】

2020 年某天，卓某通过微信加了一个名为"缘分"的好友，他自称是做黄金生意的老板。卓某和他聊了几次天，他说可以给卓某提供 60 万元的创业基金。过了一个星期，"缘分"给卓某打电话说60万元的创业基金已经申请下来了，让卓某和律师毛某联系。"缘分"把毛律师的手机号码给了卓某，卓某给毛律师打了电话，毛律师说当天上午10点给卓某办好手续。随后，毛律师给卓某打电话让其给他汇9000元的税钱，9000元税钱到账后他就把60万元的创业基金给卓某汇过来。毛律师通过短信给卓某发了一个银行账号，开户名并不是毛某的名字，卓某当时略作迟疑，但是考虑到60万元创业基金马上就到账了，就没再多想。卓某在城区邮政银行的自动取款机上往毛律师指定的账户上存了9000元钱，随后毛律师的电话就打不通了，"缘分"也联系不上了。

【评析】

案例中的受害人轻信了微信中的好友，相信了天上掉馅饼的好事，不用任何担保和抵押就能拿到所谓的创业基金。近些年来某些媒体宣传用一本项目书就能轻松拿到投资，所谓成功的风投案例更是给了一些人"希望"，让他们无法理性地看待问题。因此，对于微信上的好友要加以区别，哪些是工作上的朋友，哪些是生活上的朋友，哪些只是网上认识的朋友，即使是熟悉的好友，也要确认好友的身份，是否是好友本人在使用自己的微信。

九、网络平台发布的虚假链接中的风险

【案情回放：　通过手机 App 平台发布虚假链接诈骗】

2020年某天，赵某在一个叫"转转"的二手交易软件上看到一款单反相机，赵某在平台上和卖家聊天，对方让他加微信。对方说相机2300元钱，赵某觉得价钱合适，比店面里卖得便宜不少。但对方说相机不包邮，得把邮费加上，对方先给赵某发了个链接，赵某点开后发现价钱不对，对方又发过来一个链接，他点开后是平台的界面，赵某点击购买下单后出来一个二维码，提示赵某扫二维码支付。赵某用微信扫过后支付了2300元，支付过后，对方说还有一模一样的相机，问赵某还要不要，赵某不想要，随便说了个价1500元，对方说1800元，赵某说不要了，对方说1500元也卖，并给赵某发了个链接。赵某发现不对劲，进入"转转"后发现自己支付的订单并不存在。赵某问对方怎么回事，对方说等发货了就有了，随后对方就把赵某拉黑了。

【评析】

近年来，网络购物平台层出不穷，各种低价宣传花样不断，内部价、水货价、代购价等，让人们总以为在网上能淘到又便宜又好的物品。骗子正是抓住受害人"占小便宜"的心理，利用伪装成网购平台的钓鱼网站，提供虚假链接，让购物者进入自己设好的圈套中，骗取购物者的钱财。

十、网络游戏中暗藏的风险

【案情回放： 网络游戏类诈骗】

黄某 21 岁，整日沉迷于网络游戏。2020 年某天，黄某发现有一玩家在游戏中喊话，说自己游戏币卖得便宜，黄某就把该玩家添加成了自己的游戏好友。该好友给他一个买卖游戏币的网站，称通过该网站购买游戏币价格低，可以省不少钱。黄某点开该网友提供的游戏币买卖平台购买游戏币，输入银行账号、密码后又给网站提供了三次手机验证码，然后发现自己的银行账户被转走4851 元。

【评析】

在网络游戏这个虚拟的世界中有很多这样的骗子，他们骗你购买自己的账号，骗你低价购买游戏币，骗你登录注册伪装的充值网站等。在这个虚拟的世界里，游戏玩家往往没有真实社会中的道德责任感和遵纪守法的意识，没有道德的约束和法律的框架，这正是骗子实施诈骗犯罪的温床。防范这种诈骗的方法是不要轻易在游戏过程中给别人提供自己的个人信息，很多骗子冒充玩家，会通过各种手段套取其他玩家的真实信息，这时候我们要提高警惕，不要轻易向陌生人提供个人信息。我们玩游戏的初衷是要体验游戏本身的快乐，不要让玩游戏变了质，玩游戏要靠实力而不靠花钱，我们花钱无非是要快速升级，快点拿到自己想要的装备。网络游戏只是休闲娱乐的一种方式，要克制自己不要沉迷其中。如果有人在游戏里向你伸出橄榄枝，你一定要提高警惕，因为天上没有掉馅饼的事儿，没有平白无故的恩惠。最重要的还是自己要有安全防范意识，只有自己的安全防范意识提高了，才能守住最后一道防线，不上当受骗。

综上所列举的案例，结合公安机关办案民警的意见，以及社会电信网络诈骗现象的相关调查统计，借鉴各种平台宣传防范电信网络诈骗好的建议，总结起来就是要做好电信网络诈骗的防范工作。我们需要在日常工作和生活中做到"六个一律""八个凡是不要信"。

【防骗小贴士】

六个"一律"：

只要一谈到银行卡，一律挂掉；只要一谈到中奖，一律挂掉；只要一谈到"电话转接公检法"，一律挂掉；所有短信，让点击链接的，一律删掉；微信不认识的人发来的链接，一律不点；一提到"安全账户"，一律是骗。

八个"凡是"不要信：

凡是自称公检法人员要求汇款的不要信；凡是叫你汇款到"安全账户"的不要信；凡是通知中奖、领奖要你先交钱的不要信；凡是通知"家属"出事要先汇款的不要信；凡是在电话中索要银行卡信息及验证码的不要信；凡是让你开通网银接受检查的不要信；凡是自称领导要求汇款的不要信；凡是网站要登记银行卡信息的不要信。

第二节　女性遭受网络安全侵害的类型与特征

随着社会的发展与进步，网络已经实实在在地进入人们的日常生活。人们可以便捷地从互联网上获得大量所需的信息，但是网络上各类信息良莠不齐，因此存在着一些女性遭受网络安全侵害的情况。女性应学习网络安全知识，进一步认识网络、了解网络，不断提高解决网络安全问题的能力。

一、女性遭受网络安全危害的类型

女性遭受网络安全危害的类型主要包括以下几个方面。

（一）身体或心理的不适

很多人沉迷于网络，长期玩手机或者电脑容易造成眼疲劳或者身体出现不适，他们在日常生活中过度依赖互联网，甘当所谓的"宅男""宅女"，渐渐会与现实社会生活脱节，成为"装在套子里的人"。互联网生活毕竟不能等同于现实生活，长期"泡"在网上，我们只会自我感觉良好，情愿待在互联网中不出来。再如，笃信互联网，为别有用心之人所利用，或成为他人利益的侵害者，或成为无辜的受害者。一些女性涉世未深、自控力不强，确实在触网时容易成为他人"诈骗"的对象。由此，"互联网＋女性"这一组合引致的负面效应迫使女性处理好自己与互联网的关系，规范使用互联网。

网络极大地缩短了知识和信息传播的时间和周期，同时，形式更加生动、方法更加简洁、范围更加广阔、效率更加高速。网络已经成为人们获取信息和对外交流的一个重要方式。然而，由于法规的滞后、管理的被动等主客观原因，网络上的信息良莠不齐，从封建迷信到流言蜚语再至反动言论，不一而足。价值网络的交互性、全球性、匿名性、开放性和零成本性等特点给网络安全管理工作带来了复杂性。

（二）信息泄露

我们经常接到各种营销电话，这是信息泄露导致的。随着互联网的发展，网络诈骗也越来越多，各种招数层出不穷，被骗的人越来越多。

（三）容易产生情感的缺失

网络具有虚拟性的特点，人们可以根据自己的喜好，在网络的交流中扮演不同的角色，甚至变换自己的性别。网络的交互可以是同步的，也可以是异步的。在网络交互中，交互的内容包括多种形式，有文本、图片、声音和视频等等。网络极大地扩展了人们之间交互的时空。不可否认，网络上的交互同现实中人们之间的交互具有本质的区别。这种区别对人们的心理和行为会产生不同的影响。多数研究结果表明，人们上网的时间越长，情绪就会变得越低落。

（四）网络信息缺乏伦理约束，导致部分女性的社会价值取向紊乱

网络所容纳的信息生产者数量极其庞大，信息的产出已无法由法律加以有效的控制，而且法律的控制还处于自身提倡自由论却又控制言论自由的两难境地之中，这样就更增加了无意自律的信息生产者向社会大众倾泻色情、暴力等反伦理的内容。部分女性在信息消费完全自主的情形下难以判断是非，道德的判断力因此下降甚至丧失。

传统社会在一定意义上是一个"熟人社会"，在这个"熟人社会"里，依靠熟人的监督，女性的道德意识较为强烈，道德行为也相对严谨。然而，由于她们的道德行为常常是做给他人，特别是可能对自己有影响的人"看"的，她们的自律意识相对较差，她们一旦进入反正没有人认识"我"的网络世界中，那条由熟人的目光、舆论、情感筑成的防线便很容易崩溃。另外，网络行为的数字化、虚拟化等特点使图像、文字甚至人以数字的终端和符号显现，彼此不再熟悉，因而我们很难对网络公民的行为加以确认、监管。"网络社会"比传统社会更少有人过问、干预，因此我们更难以确认、控制。网络本身追求自由、公平、效率，但运用它的一些女性还没有在精神境界上与之匹配，因此，这很容易造成女性道德人格的缺失，主要表现在以下几个方面。一是计算机网络犯罪。犯罪主体以女性的介入为主，大多是精通电脑的女性。二是网上交友。网上交友本来无可厚非，但一些女性在网络上打情骂俏，谈情说爱，倾诉心事也说尽谎话，骗取对方的信息。她们奉行的是：网络爱情是一场爱情游戏，网络谁是谁。三是网络上的色情信息。网络的双向性使色情内容更易传播，而且手法更为隐蔽快速，网民可以主动地获取自己所需要的信息，其主体地位更得到体现。

二、女性遭受网络安全危害的特征

女性遭受网络安全危害的特征主要包括以下几个方面。

（一）意志毅力的消磨和自控能力的下降

网络的过度使用使女性对网络产生了强烈的依赖心理。特别是网络游戏中的冒险刺激、网络交友中的轻松自如、网络不健康内容中的新鲜诱惑等，使人们逐渐产生"网络成瘾症"，而对自己的主体生活——学习，却失去兴趣，缺

乏毅力，自控能力下降。

（二）"网络性格"的形成和身体素质的下降

网络性格最大的特征是孤独、紧张、恐惧、冷漠和非社会化。对互联网虚拟世界的依恋，人机对话和以计算机为中介的交流，容易使人的性格脱离现实社会而产生异化，长时间待在电脑前的辐射和高度紧张会损害各种人体机能，导致身体素质下降。

（三）对周围人和事的不信任和紧张的人际关系

在网络这个虚拟的世界里，人人都以虚假的身份出现，尽管很多时候，你可以大胆地表达自己的真实想法或无所顾忌地说你想说的话，但在虚假的身份之下，网络人际关系很少有真实可言，时时充斥着不信任感，人际关系非常紧张。特别是对于"性格内向"的女性，网络为其提供了展示自我的平台，但也使她们在"网下"变得更加内向和自我闭锁。

第三节　女性网络安全防范与危机处理

在这个移动互联网时代，我们每个人都是"麦克风"。一些人为了博取眼球发布虚假信息或者极具煽动性的言论，这不仅给当事人造成困扰，严重的话还会危害政治安全和社会稳定。女性在使用网络的过程中更要理性分辨网上信息，练就"火眼金睛"，做文明的网络使用者。

一、女性应理性分辨网络信息

随着互联网络的迅速发展，网络上充斥着大量的信息，女性应理性分辨网络上的各类信息。

（一）远离不良信息，发现主动举报

网络信息纷繁复杂，一些暴力、色情等负面信息充斥其中，不仅污染了网络环境，而且对女性和孩子的身心健康造成一定的负面影响。女性应坚决同网上的不良信息做斗争，做孩子健康上网的"保护神"。

（二）提升理性判断能力，不盲目行为

提升理性判断能力并让它成为网络生活的日常自觉，这是结束网络生态这种无序状态的必由路径。网民理智了，表达理性了，网络生活才能变得更加清朗有序，从嘈杂混沌的境地中走出来，才能避免网络暴力的发生，网络文明才能够得以建立。

（三）理性选择网络平台上的兼职行为

刷单本身就属于一种欺骗行为，女性在选择兼职的时候应着眼于那些对自己长期发展有帮助的工作，切不可因贪图小利而落入骗子的圈套。在选择网上兼职工作时，一定要理智，不要被骗子提出的所谓高额回报所迷惑，切记贪小便宜吃大亏的道理。同时，我们要提高防范意识，扫描某些二维码前要先判断二维码的发布来源是否权威可信，一般来说，正规的报纸、杂志，以及知名商场海报上提供的二维码是安全的，但对网站上发布的不知来源的二维码需要提高警惕。我们应该选用专业的加入了监测功能的扫码工具，其在扫到可疑网址时会有安全提醒。如果通过二维码来安装软件，安装好以后，我们最好先用杀毒软件扫描一遍再打开。其实绝大部分的恶意二维码都很难直接扣除手机费，而是通过引诱人们安装程序来实施诈骗。我们一定要认真阅读手机给出的安装提示，不要为了图方便就一路 OK 到底。

（四）多了解网络相关信息

识破某些骗局首先要明确网络身份和真实身份是有区别的，我们不能因为感情因素就对网络身份有强烈的代入感，特别是遇到重要、着急的事情时更要弄清事情的始末，万不能不问前因后果就给予钱财上的帮助。遇到此类情况时，我们可以通过其他途径联系到本人或者本人的亲属询问情况，对方如果是微信、QQ 联系你的，你可以通过电话或者见面等其他途径核实情况，不要把多问一句当作没面子，要把多问一句当作关心朋友，这样就能很容易地识破骗子设下的骗局。

（五）增强计算机网络法律意识

我国已制定了相关的计算机网络的法律法规，并在不断完善，也加强了对计算机网络的监控和对计算机犯罪的预防与打击。任何破坏计算机及网络安全的行为随时都会面临法律的制裁，千万不要自命高手和抱有侥幸心理，我们一定要防微杜渐，避免进入法律雷区。

（六）自觉抵制和防范网上不良信息

首先要学会对各种信息加以甄别，增强是非判断能力。其次要保持头脑清醒，筑起坚固的思想道德防线。总之，网络安全与我们的日常生活息息相关，网络隐患无处不在，在使用过程中我们一定要提高警惕，树立正确的网络安全观念，加强防范意识，以减少不必要的损失。

二、女性应保护个人信息不泄露

世界因互联网而更加精彩，互联网因为有大家的共同参与而充满魅力。营造一个如春日般美好又充满生机和活力的网络环境，是我们每一个人的期盼与责任。女性朋友们只有做到人人懂安全知识，个个担责任，才能汇聚成维护互联网信息安全的强大动力，才能构筑起网络信息安全的坚固长城，才能保护我们自身的网络安全。网络时代，女性的网络安全问题不容忽视，我们女性要主动出击，保护我们的上网安全，维护自身的合法权益。

（一）要正确收发电子邮件

我们在收发电子邮件时，不要从某些个人站点提供的入口进入，以防页面里埋有记录用户名和密码的代码。用完邮箱退出时，我们一定要点网页里的"退出登录"，不能直接关闭页面或从邮箱页面转到其他页面。

（二）禁用"小甜饼"

在互联网上，大多数 BBS 和社区论坛都采用"小甜饼"来记录用户的信息，别人可能盗用你的帐户和密码在你经常去的 BBS 和社区论坛里做他想做的任何事情。为了防止发生这种事情，在登录 BBS 和社区论坛时，我们可以选择"个人档案"—"编辑论坛选项"—"再次返回本站时自动登录"，并把这个选项设为"否"，然后确认。此外，退出 BBS 和论坛时，我们要从 BBS 和论坛提供的"退出"选项中退出，电脑会自动清除掉系统里的"小甜饼"。

（三）将个人信息与互联网隔离

当某台计算机中有重要的资料时，最安全的办法就是将该计算机与其他上网的计算机切断连接，这样可以有效避免被入侵的个人数据隐私权侵害和数据库的删除、修改等带来的经济损失。换句话说，网民用来上网的计算机里最好不要存放重要个人信息，这也是目前很多单位通行的做法。

（四）传输涉及个人信息的文件时，使用加密技术

在计算机通讯中，我们要采用密码技术将信息隐蔽起来，再将隐蔽后的信息传输出去，这使信息在传输过程中即使被窃取或截获，窃取者也不能了解信息的内容。在收到文件后，接收方可以使用解密密钥将密文解密，恢复为明文。如果传输中有人窃取，他也只能得到无法理解的密文，从而保证信息传输的安全。

（五）不要轻易在网络上留下个人信息

网民应该非常小心地保护自己的资料，不要随便在网络上泄露个人资料。现在，一些网站要求网民通过登记来获得某些"会员"服务，还有一些网站通过赠品等方式鼓励网民留下个人资料。网民对此应该十分注意，要养成保密的习惯，仅仅因为表单或应用程序要求填写私人信息并不意味着你应该自动泄漏这些信息。如果喜欢的话，你可以化被动为主动，用一些虚假信息来应付这种对个人信息的过分要求。当被要求输入数据时，你可以简单地改动姓名、邮政编号、社会保险号的几个字母，这就会使输入的信息跟虚假的身份相联系，从而抵制数据挖掘和特征测验技术。对唯一标识身份类的个人信息更应该小心翼翼，不要轻易泄漏。这些信息应该只限于在线银行业务、护照重新申请或者跟可信的公司和机构打交道的事务中使用。即使一定要留下个人资料，我们在填写时也应先确定该网站是否具有保护网民隐私安全的政策和措施。

（六）手机上接收到的各类银行发送的信息应谨慎对待

手机上接收到的各类银行发送的信息我们应谨慎对待，为什么这么说呢？手机接打电话、收发短信都要通过基站来完成，正规的基站都有固定的运营商，如移动、联通、电信。而伪基站却是由个人组装的，一般情况下，一部无线电发射设备加上一台笔记本电脑，再配上相应的软件就可简单组成，伪基站也因组装简易、体积小、易携带，经常被不法分子放入汽车后座或放入旅行箱中带至人口密集的商业街或银行附近，发送诈骗短信。

我们使用的手机又是如何接收到这些垃圾短信的呢？手机大约每5秒钟寻找一次基站，当伪基站打开时，不断调大功率，如果功率大于附近基站发射的功率，就会使这一范围内的手机优先接收伪基站的信号，手机会自动连上伪基站，中断与正规基站的联系。当您的手机信号满格，却不能正常对外拨打电话、收发短信时，其就很有可能是接入了伪基站。此时不要慌张，伪基站只会导致用户8—12秒短暂的断网时间，可以等一段时间或换个地点再拨打电话。

我们在日常生活中又该如何辨别哪些短信是伪基站发出的呢？伪基站发出的短信通常有以下几个特点：①双卡双待手机同时收到来源不明的垃圾短信。②收到以官方号码（运营商、银行）发出的短信，但内容与平时收到的消息相差很大。③垃圾短信中提到的地点你正好经过。④回复0000无法发送。⑤回复0000提示未定制＊＊公司业务。⑥运营商提供的通信详单上没有接收这条短信的记录。如收到的短信存在上述情况，则可以初步判定短信为伪基站发送的。这时候千万不要按照短信提示操作，如有疑问，应拨打官方客服热线咨询，避免上当受骗。

那么，如何防范伪基站呢？首先，女性要提高防范意识，不轻易透露自己的个人信息，不轻易点击不明的链接。其次，安装手机安全软件，智能拦截垃圾短信。最后，如果您用的还是SIM卡，那就去更换一张USIM手机卡吧！USIM卡可以实现手机与基站的双向验证，基本可以杜绝手机被伪基站欺骗的可能。USIM卡与SIM卡最直观的区别在于：USIM卡支持4G网络。

（七）在计算机系统中安装防火墙

安装防火墙是一种确保网络安全的方法。防火墙可以被安装在一个单独的路由器中，用来过滤不想要的信息包，也可以被安装在路由器和主机中。在保护网络隐私权方面，防火墙主要起着保护个人数据安全和个人网络空间不受到非法侵入和攻击等作用。

（八）利用软件，反制 Cookie 和彻底删除档案文件

如前所述，建立 Cookie 信息的网站，可以凭借浏览器来读取网民的个人信息，跟踪并收集网民的上网习惯，这对个人隐私权造成威胁和侵害。网民可以采用一些软件技术来反制 Cookie 软件。比如 All in One Secretmaker 就是一种融合了 7 种强大工具于一身的软件：反垃圾邮件、Pop-Up 杀手、Cookie 去除、历史清除、隐私保护、标语阻止、蠕虫捕获。另外，一些网站会传送不必要的信息到网络使用者的计算机中，因此，网民也可以通过每次上网后清除暂存在内存里的资料，从而保护自己的网络隐私权。

（九）保护好自身的账号信息

保护好自身的账号信息，不打开有隐患的网址链接，不下载非正规渠道的软件，不浏览明显带有引诱性质的网站，避免自己的电脑中病毒。自身的账号不要轻易借给他人使用，在公用电脑上登录个人账号时要注意打开安全登录，要注意电脑应用进程中是否有可疑的程序运行，不要点击"自动登录"，公用电脑使用结束后要及时退出自己的账号，必要时选择删除自己账号的登录记录和个人信息。对于朋友发来的寻求帮助的信息，一定要打电话或者通过别的渠道联系上朋友本人，以核实虚拟账号人员的身份，以及跟朋友确认事情的真实性，万不能因为着急就不去核实，也不能为了面子就不去核实。

（十）不能随便晒家人及住址照片

在现实生活中，因为随意发朋友圈而泄露家人或住址等信息的事件较为多见。长期下去，别人只要经过稍加分析汇总，你所晒出来的信息就会成为一套完整的信息，这就暗藏着各种不可预测的风险。我们平时应多关注法制读物、刊物，多看法制类的节目，了解基本的法律知识和公检法机关基本的办案程序，骗子一般是将通过非法渠道获取的个人信息稍加伪装就变成欺骗的工具，平时一定要保护好自己及家人的信息，即使对方提供的信息都对也要冷静判断，没必要为没有做过的事情感到恐慌，遇到自己不确信或者核实不了的情况时，可咨询当地的公检法机关，骗局自然不攻自破。

（十一）不要随便在网上测试相关信息

有的网站搞调查，问你的年龄、爱好、性别等信息，你若为了一点小利益去做的话，这些信息就可能被人家利用起来，他们将你的信息逐渐总结，卖给

别人盈利或威胁到你。另外，公共 WIFI 是有些黑客获取你手机信息的一个重要渠道，他们可能直接盗取你的敏感信息，如卡号、账户密码等。所以，到公众场合后，有免费 WIFI 也不要随意接入。

（十二）软件安装过程中不要都"允许"

现在人们基本上使用的都是智能手机，在安装软件过程中，有的软件提示你是否允许安装全部服务，比如获取你的位置、读取你的电话记录等等。在这种情况下，千万要小心，不相关的服务不能允许，或者不安装此软件。

三、女性应擦亮眼睛别受骗【"网购"利弊要分清】

有些不法分子会声称自己是做"海外代购"的，他们以低价诱惑女性消费者，付款之后再以各种借口拒发货物或收取杂费，最后消失，让消费者遭受巨大损失。购买海外商品时，一定要选择正规渠道，不要因为贪便宜而因小失大。

（一）购买前要留意商家信誉

确定购买之前，一定要先了解一下卖家的信誉度。卖家的信用评价是一个重要的参考标准。要注意选择合法的网站和商家，一般正规网站都应标注网上销售的经营许可证号和工商机关红盾检验标志。而且，网站应当持有 ICP 证书，消费者可通过查看网站主页最下方商家的数字证书来验证其"身份"。

（二）不要被低价商品迷惑

特别是名牌产品，因为知名品牌产品除了二手货或次品货，正规渠道进货产品的价格是不可能和市场价相差那么远的。我们在网上购物时要尽量选择知名度比较高的网站，选择店家时要选择那些网站实名认证过的，购物时一定要选择官网上的链接，不要随便打开对方发过来的链接，对网站的域名要有一定的甄别能力，不要抱有捡漏的思想，天上不会掉馅饼，不要相信店家夸大虚假的宣传。

（三）小心商家的文字游戏

当遇到字意模棱两可的介绍时，一定要向卖家询问清楚，以防有些不良卖家玩文字游戏。有时候商家精心设计的陷阱往往会因为文字游戏的掩饰而更具杀伤力，甚至让消费者陷入哑巴吃黄连，有苦说不出的状况和投诉无门的尴尬境地。

（四）最好通过第三方支付

网上购物最好通过安全可靠的第三方交易平台来实现，尽量选择货到付款或交易平台提供的带有第三方保障功能的支付方式。同时，使用银行卡进行网络支付时，千万注意不要在网吧电脑等公共设备上使用，最好有专用账户或专用卡做网上支付用，并且卡内不要放太多的现金。如发现问题，要及时与银行联系。

（五）邮费太高要小心

近年来，随着网络购物平台的迅速发展，网上购物已经成为一种重要的购物形式，女性网络购物群体占有较大的比例。在网络购物之前，除了要选择正规的购物平台外，还要跟卖家事先做好沟通，因为地域的关系邮费通常和所标价格不同，这样做以防卖家把商品的价格定得很低，但是邮费却很高。

（六）保存原始证据

对于价格比较高的大宗货品，最好不要在网上购买。如果一定要买的话，我们应该向卖家问清来路，并最好要求其开具发票。无论商品价格是否昂贵，消费者都应注意保存和卖家之间的往来邮件、聊天记录，以为日后维权留下证据。

四、女性应谨慎网上交友【小心"高富帅"陷阱】

不法分子披上"王子"的外衣后，会使用甜言蜜语、悲惨遭遇等手段让善良的女性产生情感共鸣，在确立关系的基础上骗取他人钱财。因此，我们女性朋友们一定不能轻信犯罪分子的花言巧语，在向陌生账户转账汇款前一定要"三思"，谨防在感情和财产上受骗。

（一）谨慎使用 QQ 等聊天工具

在现实生活中，很多人在公共场所使用 QQ 等聊天工具。那么，当离开公共场所时，我们要删除 QQ 号码和聊天记录。如果经常到网吧等公共场所上网的话，建议申请密码保护功能。另外，输入密码时要隐蔽，在公共场所使用聊天工具时切记要关闭密码保留功能，以免泄露重要个人信息。

（二）聊天时要有所保留，切勿全盘托出

不建议在个人主页或博客上透露太多私人信息，尤其是你的住址、行踪、电话等信息。请勿急于与网友见面，见面前应收集对方更多的信息，可以先尝

试电话聊天。见网友前最好让家人或亲戚朋友知道自己的去向以及要见网友的一些相关情况。见面地点最好是自己熟悉的地方，在人流量大的闹市区为宜，时间最好选择在白天，最好带上同伴前往，不要随便喝网友递过来的饮料或酒水，要时刻注意自己的随身物品，特别不要将自己的贵重物品借给网友使用。

（三）女性约见陌生网友要提高警惕

在现实生活中，有些女性可能会与陌生网友见面，如果网友提出去自己不熟悉的地方或对方活动有异常时，要考虑结束约会。一旦有这样的异常活动出现时，要尽快到公共场所，以免因周围环境陌生或不熟悉而发生意外情况。如果发生紧急、意外情况，要及时求助或报警。

五、女性应熟悉网络贷款流程，避免掉入网络贷款的陷阱

在现实生活中，虽然各种贷款渠道不一样，但是整个贷款申请流程是基本一致的，所以在贷款前了解网络贷款的流程至关重要。

（一）选择合适的贷款公司和贷款产品

现在网络上的 P2P 平台上千家，而每家贷款公司也根据抵押贷款或者垫资赎楼业务等分不同的产品。所以，首先要了解自己的需求，是短期还是长期，是抵押贷款还是垫资赎楼贷款，如此就可以直接根据贷款平台上的产品进行选择了。

（二）准确填写贷款申请

贷款人在网上在线填写申请信息时，一定要填写申请的地域、申请金额等，并留下电话号码。比如在第一房贷 App 上填写时，要先注册好个人信息，这样会享有一定比例的返佣金。这些都是很重要的细节。

（三）与信贷员电话沟通及贷款合同面签

贷款申请过后，网络贷款平台客服人员会与申请人进行电话沟通，沟通过程中，通常会问及你的个人信用、工作性质、职业属性、收入情况和婚姻状况等资信情况，以及贷款用途、所需钱数、贷款期限等贷款事宜。除此情况之外，若是申请房屋抵押贷款，还会涉及你抵押房屋的面积大小、坐落位置、房龄、朝向等各项问题。耐心配合信贷员的调查，就相当于为你成功贷款做努力。

（四）合同签订后需要注意的问题

贷款抵达账户后，贷款机构则会主动联络你进入面签合同的环节。需要特

别提醒的是，莫把签订合同当儿戏，因为其会产生法律效力。因此，在此之前你一定要确认好贷款期限、贷款金额、还款方式、到期还款日等具体细节。另外，贷款利率、利息支付方式等，你也要了解清楚，防止出现分歧。待贷款合同签订后，钱便会顺利抵达你的银行账户，剩下的就是根据协议按时还利息。

网络申请贷款一定要找正规的网络平台办理，以免上当受骗，比如贷款完成之前要先交手续费等，这些是一定要注意的。

六、女性应正确使用快捷支付方式

随着社会的发展、生活节奏的加快，安全快捷的支付方式越来越得到人们的认可，二维码技术也就应运而生。二维码具有储存量大、保密性高、追踪性高、抗损性强、备援性大、成本便宜等特性，这些特性特别适用于表单、安全保密、追踪、证照、存货盘点、资料备援等方面。伴随着智能手机的发展，二维码技术也应用到餐厅、手机购物、电子优惠券、二维码印章等领域。支付的便利给骗子的行骗也带来了便利，受害人可能只是在手机上轻轻地一点，钱财就被骗子骗走了。留给人们思考的时间也越来越少，在人们还没有意识到上当的时候，骗子往往已经把我们口袋里的钱骗走了。

二维码又称 QR，QR 全称 Quick Response，是一种近几年来在移动设备上超流行的编码方式，它比传统的 Bar Code 条形码能存更多的信息，也能表示更多的数据类型。2016 年 8 月 3 日，支付清算协会向支付机构下发《条码支付业务规范》（征求意见稿），意见稿中明确指出支付机构开展条码业务需要遵循的安全标准。这是央行在 2014 年叫停二维码支付以后首次官方承认二维码的支付地位。

二维码具有信息获取（名片、地图、WiFi 密码、资料）、网站跳转（跳转到微博、手机网站等）、广告推送（用户扫码，直接浏览商家推送的视频、音频广告）、手机电商（用户扫码，手机直接购物下单）、防伪溯源（用户扫码，即可查看生产地，同时后台可以获取最终消费地）、优惠促销（用户扫码，下载电子优惠券、抽奖）、会员管理（用户手机上获取电子会员信息、VIP 服务）、手机支付（扫描商品二维码，通过银行或第三方支付提供的手机端通道完成支付）的功能。

七、女性应了解信用卡的办理条件和流程

防范代办信用卡骗局时，我们要禁止通过非正常渠道办理信用卡，办理信用卡应该通过正规渠道，认真接受银行审核，在网上申请信用卡一定要通过银行的官方网站，在办理开卡等手续时，一定要通过银行所提供的几种开通渠道。保护好办理信用卡的个人相关信息，遇到自己不明白的业务时要向银行客服咨询明白，必要时亲自到银行了解情况。

一般情况下，办理信用卡的条件如下。①年满18周岁的成年人。②如果没有信用卡，则要求提供收入状况等相关证明，要是已经拥有一张信用卡，则可以卡办卡，省略了不少步骤。③必须提供本人的身份证。④其他条件。

第四章　女性婚恋情感安全防范与危机处理

　　随着时代的进步以及女性自我意识的觉醒，多数女性开始关注自己的婚恋质量，并寻找情投意合的伴侣。同时，婚恋情感问题日渐突出，已成为困扰当代女性的主要问题之一。女性在婚恋中遭遇情感危机，也并非不可化解。只要掌握合理处理情感问题的方法，有效排解"负能量"，不断提升自身爱的能力，就会收获爱情与幸福。

第一节　女性遭遇情感危机的典型案例

　　针对女性在婚恋情感生活中遇到的一些情感危机，本节选取了8个典型案例，包括恋爱情感危机和婚姻情感危机两个方面。通过这些案例，我们可以了解女性遭遇婚恋情感危机的特点，以及处理婚恋情感危机的方法和原则。

一、梦幻的爱情

　　爱情会给人们带来甜蜜和幸福，但也会带来失意和痛苦。在恋爱的道路上，不可能一帆风顺，每个人都会经历一些坎坷与挫折。因此，面对爱情的五味杂陈，女性要学会爱与放弃。

（一）遭遇男友"劈腿"

【案情回放：恋爱8年男友"劈腿"，研三女生跳楼身亡】

　　2020年12月5日，辽宁某大学地铁口附近，一名女子从楼上坠下，砸中停在楼下的轿车。120急救人员到场后，女子已经死亡。2020年12月17日，微博某账号转发了此条新闻并写道："这是我姐，因为一个渣男选择了结自己的一生。"发布这条微博的当事人谢小姐告诉红星新闻记者，姐姐晚风今年26岁，在辽宁某大学读研三，她发现恋爱8年的男友"劈腿"后，因无法接受此事以及介入情感的第三者不断发来言语和照片刺激，最终选择了轻生。

据谢小姐提供的姐姐晚风与于某的聊天截图显示，于某曾向晚风发来一条疑似其与高某的对话截图，当中疑似高某的账号称："我跟她从谈到现在八年了，就算是条狗，也不能说扔就扔了吧。"疑似于某的账号称："要死要活和我没关系……她就算是狗，还（注：该）死也得有一天死。"

负责此案的一名办案人员透露，由于晚风是自杀，排除刑事案件，警方无法就此事立案。

（红星新闻，有删改）

【评析】

恋爱中遭遇男友劈腿，脚踏两只船，这对很多女性来说打击是非常大的，其满脑子想的可能都是欺骗、失望、不忠和背叛，也许很难去接受这样的事实。其实，在彼此都还是自由身时，能够遇到更好的恋爱对象，有更好的选择并非什么坏事，没必要过多地纠缠。在这个过程中，你也许会心情低落，也许会情绪波动很大，但是千万不能自暴自弃，也不能用不理智的手段对其进行报复，因为不值得。作为女性，要想拥有爱就要学会爱，我们要学会爱自己，珍惜自己，面对情感问题，切不可做出伤害自己和损人不利己的偏激行为，保持理智和宽容的心态非常重要。

（二）深陷情感陷阱

【案情回放： 一怀孕就拉黑， 浙江男子向多名女性下手】

浙江省舟山市的林小姐（化名）在偶然间认识了一位自称是舟山本地人的男子王某，之后这名男子对林小姐展开了热烈的追求，各种嘘寒问暖，还经常接林小姐下班。他告诉林小姐，自己是国家电网的正式工，29岁，出生在台湾，祖籍舟山，家里有好几套房子。

交往一段时间后，林小姐提出要见对方的家人，但王某立即以各种理由推脱、欺骗她，没有安排她和父母见面。在交往期间，林小姐发现王某还和其他多名女性保持联系，后来她发现自己怀孕了，当她把这个消息告诉王某时，他的态度就开始转变了。趁一次买饮料的机会，林小姐偷偷拍下了王某的驾驶证，这下她傻眼了，驾驶证上的名字是颜某。林小姐越想越不对劲，于是上网搜了一下这个颜某，跳出来的结果让她不寒而栗。颜某曾在杭州冒用一名影楼老板的名字，欺骗了多名女性，当时很多女孩一怀孕，这个颜某就立即消失，然后把她们的微信、电话全部拉黑，一些女孩不得已只能堕胎。

林小姐通过调查联系上了其中的四位女孩，有两位女孩曾怀孕，颜某也是用王某的身份与她们交往。其中一位刘小姐说，她也曾向派出所报过案，但由于缺乏立案的条件，警方只能将其定为情感纠纷。而其他几名受害的女孩怕这件事对今后的生活造成影响，都默默地承受了伤害。

（交通之声和中国青年网，有删改）

【评析】

拥有爱情、享受爱情是一件非常幸福的事情，我们都希望拥有甜蜜的爱情。当你真正爱上一个人时，你会很想和他在一起，并心甘情愿为他做一些让他开心的事。恋爱很美好，但是我们不能被爱情冲昏了头脑，不可盲目信任、盲目付出，否则只会让自己遍体鳞伤。很多情感骗子就是抓住了女性缺少理智、容易相信人、肯为男人付出的特点，骗了一个又一个。案例中一个又一个女性深陷情感陷阱，我们在指责王某欺骗女孩感情，将恋爱当作一场游戏时，广大女性也应该警醒，睁大自己的眼睛。女性在和男友交往时一定要多见面，多了解，多观察，提高自己对感情方面的分析能力，守住自己的底线，学会保护自己，谨防上当受骗。当然，谈恋爱还是要真诚相待，小心之余也不要太过敏感。

（三）失恋后的成功

【案情回放：　曾经的苦恋化作动力，　创办培训班，　月入 10 万】

有 40 多名员工的培训班总经理丛某实际上刚刚二十出头。刚毕业不到 4 年，丛某不但成功创业，而且事业十分红火。

丛某在创业前有一段苦恋 3 年的爱情。恋爱时，她为男朋友放弃了很多，放弃了银行的工作，放弃了进劳动局的工作，一次次放弃了让所有人都羡慕的工作，最后他们还是没能走到一起。失恋真的是痛苦的，丛某把自己封闭了一个月，但在这期间她想明白了很多，她认为不能把自己的全部都依附在爱情里，如果爱情没了，什么都没了。她说："我必须独立，证明自己的价值。在封闭的一个月里，我学了很多营销知识，有时候痛苦就是最好的动力！我重新振作起来，才知道自己以前犯了多大的错，把整个心都放在爱情里！我多庆幸自己没有因为失恋而一再沉沦！"

【评析】

有恋爱就有失恋，不是每一次恋爱都能成功，失恋也在情理之中。失恋固然不是什么幸事，作为被分手的一方，面临突然的失恋，必然会产生极大的悲伤和痛苦，然而两个不合适的人能及早分手也并非坏事。与男性相比，女性更柔弱、更痴情，当她们把自己的精力全部倾注于爱情时，一旦遭遇失恋，就会深陷痛苦的境地而无法自拔，甚至是绝望。失恋是痛苦的，但是不等于失去一切，也并不意味着以后得不到更好的。经过失恋的考验，我们的内心会变得更加强大，所以不必害怕失恋。案例中的丛某就是女性正确对待失恋，积极面对人生的典范。作为女人，我们在失恋时不能消沉，应该保持清醒的头脑，去做好自己，这样才能让自己活出别样的精彩。

（四）分手算"经济账"

【案情回放：男子和女友分手后多次纠缠，索要"分手费"】

余某和小英（女，化名）原本是一对恋人。相处一段时间后，小英发现余某不思上进、脾气暴躁，于是提出分手。但余某心有不甘，一再要求复合，并不断威逼利诱，还纠缠不休，严重影响了小英的正常生活。

2018年10月8日，余某见小英微信不回，电话打不通，便带人来到小英经营的店里，威胁小英给分手费。双方发生争执后，余某将店内的玻璃打碎，小英随后报警。

在民警的调解下，双方自愿达成调解协议并形成调解协议书。余某以两人恋爱期间有相应花费为由索要分手费，小英同意并支付余某5000元分手费，双方互不干扰，各自离开。

然而，余某很快花光了这笔钱，半个月后他再次以讨要分手费为由，先后三次到小英经营的店里骚扰小英并打砸物品，将店内店门、天花板、监控设施等损坏，共计造成损失3100余元，致使小英的店无法正常营业，给小英及周边的经营户造成了极其恶劣的影响。

2018年10月30日，小英再次报警，当地派出所依法立案，并开展侦查，三天后将余某抓获。余某对多次打砸小英店铺的行为供认不讳，他也因涉嫌寻衅滋事罪被依法刑事拘留。摆脱纠缠的小英对警方感激不已，专门给派出所送来锦旗表示谢意。

（中国新闻网，有删改）

【评析】

爱情是一把双刃剑，有爱的一面，也有恨的一面。恋爱时卿卿我我，你对我好，我对你好，恨不得把整个世界的好都给对方；分手后两人从此天各一方，你走你的独木桥，我走我的阳关道。但是也有一些恋人因分手而成为仇人，像上面的案例一样，双方陷入经济纠纷，男子找女方索要分手费，使女方产生了情感困扰。男子纠缠索要分手费，其实这也是不愿接受分手事实的一种报复行为。这样的男性本身要么不够绅士，要么就是女性的做法让他觉得自己被利用或者被欺骗。所以，女性在找男友时一定要睁大眼睛，珍爱生命，远离渣男。当分手后遭遇经济纠纷时，女性还要懂得通过正确的方法和途径去解决，避免造成不良影响。

二、褪色的婚姻

不是每一段恋情都能开花结果，也不是每一段婚姻最终都能白头偕老。婚姻中的忠与不忠、爱与不爱、离与不离、值与不值，这种爱恨交织的情感也透露出了婚姻中的情感危机。

（一）理想与现实的矛盾

【案情回放： 充满争吵的婚姻还能坚持多久】

曾先生（化名），31 岁，来自湖北，经营一家小吃店。郑女士（化名），30 岁，来自安徽，和老公一起经营小吃店。两人结婚已经六年，但这六年他们经常因小事而争吵不断。

六年前，两人在曾先生的小吃店结识，没多久就结婚了。结婚前，郑女士觉得曾先生踏实肯干，很老实，可是结婚相处一段时间后，她发现曾先生和她婚前想的完全不一样，他是一个非常极端的人，比较暴躁，脾气总是阴晴不定，说吵架就吵架，性格不能包容人，这让她觉得很难受。比如，有一次，两个人在自己家里吃饭，曾先生光着脚，然后把脚伸得很开，脚离桌子很近。郑女士觉得这样子不雅观，夏天天气又热，脚对着桌子和饭菜比较影响胃口，就提醒他把脚收起来。她说话时可能带着一些情绪，说完第一遍曾先生没有听，继续吃饭，接着郑女士又说了第二遍，说完曾先生瞬间就发火了，把筷子一摔，对她又吼又叫，然后把脚放在了桌子上，这让郑女士觉得很过分。郑女士也表明态度，说如果一直这样，她觉得他们两人不能再相处下去了。

（根据天津卫视《爱情保卫战》栏目报道编辑）

【评析】

婚姻中的情感危机很多是由争吵开始的，尤其在婚姻的磨合期，争吵是在所难免的。很多女性在结婚之前对自己的婚姻充满了憧憬，希望婚后生活能朝着自己想象的方向发展，但是结婚后相处下来才明白，婚后的生活和自己想象中的差距是非常大的。恋爱时双方可能看到的都是对方的一些优点，彼此也在刻意遮掩自己的小缺点，可是结婚后，对方身上的小缺点就会暴露出来，于是我们就会对对方左右看不顺眼，甚至还会觉得是对方欺骗了自己。就像案例中的这对夫妻，结婚前郑女士觉得曾先生踏实可靠，可是结婚之后发现他脾气暴躁，容易走极端，这些让她难以接受。两个人在一起，就应该彼此理解和帮助，一味地争吵解决不了问题，我们应该学会有效的沟通，否则时间长了，两人都疲惫了，就会陷入情感危机。

（二）自卑引发信任危机

【案情回放： 你为什么总是嫌弃我】

田先生（化名），38 岁，来自四川，从事服装生意，目前开了十几家分店。董女士（化名），28 岁，来自湖北，是一名销售。两人在一起相爱六年，结婚有三年。田先生负责在外面赚钱养家，而董女士这几年一直在家里操持家务，日子过得很甜蜜。可是在一起生活久了，两个人开始出现情感危机。

董女士觉得田先生以前对她百般照顾，细致入微，但是随着田先生的事业越做越好，他越来越忙，对她的态度也越来越冷淡，还经常挑剔她、嫌弃她，甚至不愿意把她介绍给朋友认识。很多次田先生的朋友来家里做客，都把她当作家里的保姆。这样的对待让董女士感觉很不舒服。

结婚后的董女士一直没有上班，在家也不注重打扮，现在怀有身孕，变得越来越胖，面对丈夫的不尊重，她多少有点儿自卑。加上田先生自己在外面做生意，几乎每天晚上 12 点以后回家，而且每次都说是在陪客户聊生意。所以，董女士总是怀疑他，经常翻看他的手机，每次回来都会质问他在外面干什么，跟谁在一起，甚至有时还跑到公司，当着客户的面，大吵大闹。这让两人都感到心力交瘁，生活变得越来越复杂，不知道该如何继续下去。

来到天津卫视某节目现场，夫妻两人在爱情导师的指导之下，最后各自接纳建议，并表明了态度。田先生说："我们结婚以后，可能有些事情我这方面确实做得不够好，陪你的时间少了点，有时候说话让你很伤心，我以后一定会改，希望我们以后好好过日子。"董女士也说："如果你能改，对我多一些鼓励，少一些批评，我也会努力地做更好的自己。"希望通过这次调解，两人共同努力，一起让婚姻生活变得更加幸福。

（根据天津卫视《爱情保卫战》栏目报道编辑）

【评析】

结了婚的女性不是进入了生活的保险箱，即使在家里当家庭主妇也不能过于放纵自己，不能懒惰。夫妻生活经常打打闹闹、磕磕碰碰不可怕，可怕的是不对等的婚姻。男人在外面打拼，事业有成，不断成长，而女人在家逐渐迷失自我，时间长了，这样的生活肯定会出现问题。没有谁理所应当对谁好一辈子，女人应该对自己有要求，让自己活得更有状态。婚姻需要双方共同去维护，共同去付出，想要轻轻松松不付出，坐享其成肯定是不行的。通过上面的案例，女性也应该警醒，要想获得尊重，婚姻生活过得有滋有味，自己必须努力成长，提升个人魅力，活得更有精神状态。

（三）"第三者"插足婚姻

【案情回放： 难舍"夫妻"情】

小燕（化名），已经 45 岁，带着儿子和儿媳在镇上开了一家宾馆，她老公50 岁，在城里做房地产开发生意，一星期回家一次。日子就一直这么过着，虽然平淡，倒也相安无事。某日，小燕的同学打电话给她，说经常看见她老公的轿车停在某小区大院，好像在那里还安了家。小燕一听心急火燎，急忙带着儿子过去，找到那个小区，果然看见自家的车子停在那儿。她向小区的人询问，小区的人告诉小燕，这车经常停在这，车主就住在楼上。小燕急忙找到楼上去敲门，门打开了，她发现老公和一个年轻的女子正在吃饭，小燕怒不可遏，拿起桌上的碗就向该女子砸去。结果，该女子面部受伤，在医院里缝了18针，小燕的老公天天在医院里侍候，再也不理小燕。原本看上去还显年轻的小燕，经过这么折腾，一下子变得苍老，憔悴不堪。她很迷茫，离婚吧，自己已经这么大岁数，再找人也不易；维持婚姻吧，这心里实在堵得慌，不知这以后怎么过下去。

　　——金苑. 遇到情感危机如何不乱方寸［J］. 家庭之友（佳人），2014（2）：54.

【评析】

婚姻中出现了第三者，这对于大多数女人来说都是不能容忍的，必然会导致出现婚姻情感危机。婚姻中出现第三者，肯定不仅仅是因为第三者本人，也有妻子和丈夫的原因，正是因为他们的婚姻中出现了裂痕，有了可乘之机，第三者才会乘虚而入。对于一个家庭来说，婚姻中出现第三者是致命打击，面对丈夫的不忠，妻子陷入两难的境地，离婚也不是，不离也不是。她们表现出来的负面情绪会比较强烈，但是这些负面情绪并不能帮助她们更好地解决问题。从上面的案例中我们看到，在处理第三者问题上，女性不能缺乏理智，冲动打人等报复行为只会对自己不利，女性要懂得应用智慧和合理的方法去处理危机。

（四）女性角色转换问题

【案情回放：强势女赶婆婆出门，逼老公辞职，最后剧情逆转，被迫离婚】

晓明（化名）和贝比（化名），两人在家乡经朋友介绍认识，贝比年纪小一些。晓明大学毕业后在本地一家国企单位工作，而贝比高中毕业就直接到社会上打拼，做食品生意，精明能干。在生下儿子后不久，贝比便把孩子交给父母看管，只身到杭州打拼。

仅仅半年多，贝比就凭借几年积累下的资本在杭州买了房子，于是喊老公迁往杭州并把儿子接过来一起生活。晓明虽然已经被提拔为基层领导，但他为了家庭团聚还是辞去了工作，来到杭州从一名普通职员做起。

贝比一直忙于生意，家中的事情基本由晓明包办，他还总是被老婆呵斥，从来没有觉得自己被尊重过。不久后，晓明母亲提出把孩子送回家里由自己照顾，这也直接导致了婆媳间矛盾的爆发和两人的第一次离婚。

在离婚登记处工作人员的劝说下，两人最终妥协，但住在一个屋檐下的婆媳到底还是爆发了战争。一次因为孩子吃零食的问题，婆媳之间又拌起了嘴，这场婆媳争执战自然将晓明卷了进来。因为不满老婆骂妈妈，晓明与贝比大吵一架。强势的贝比一怒之下把晓明跟婆婆赶出家门，她没想到的是，丈夫一走就是将近两个月。在朋友的劝说下，贝比找到了外出多时的老公，让他回家，面对妻子强硬的要求，晓明断然拒绝了。

最终，两人再次走进了离婚登记室，此时，贝比的眼泪没能保住这个家庭的完整。两人签署了离婚协议，孩子归贝比抚养。

（中国网和中国青年网，有删改）

【评析】

婚姻本来是夫妻两个人的事，却因为强插进一个人来而导致离婚。婆媳矛盾引发情感危机的案例在生活中很常见。婆婆和媳妇的关系不可能会和母女关系一样，但是作为儿媳首先要学会尊重长辈，要学会宽容和理解。女人还要学会摆正自己在婚姻和家庭中的位置，扮演好自己的角色。在工作中，你可以是一个女强人，精明能干，但是在生活中，你要扮演好妻子、儿媳和母亲的角色。

第二节　女性遭遇情感危机的类型与特征

随着经济社会的不断发展，婚恋现状开始出现新的变化，婚恋观念也逐渐复杂化、多元化，因此婚恋中产生的情感危机事件频频发生。特别是女性，如果缺乏控制自己行为的理智和解决问题的能力，她们更容易遭遇情感危机。遭遇婚恋情感危机对于当代中国女性来说已成为普遍性问题。

一、女性遭遇情感危机的类型

恋爱和婚姻是爱情的表现形式。在恋爱和婚姻中，由于身份和角色的不同，女性对情感的心理需求就会不同，面临的情感危机也会呈现出不同的类型。

（一）恋爱情感危机类型

面对日益复杂的多元价值取向，人们的婚恋态度和婚恋动机受到极大影响，这也使得恋爱中的女性遭遇不同类型的情感危机，如三角恋（多角恋）、虚假恋、失恋、分手后的经济纠葛，等等。

1. 三角恋（多角恋）

三角恋或多角恋的发生，可能是男友同时爱上两位及两位以上女性而导致的选择性困难，也可能是男友将恋爱当作一场游戏，以有众多追求者为骄傲，玩弄他人感情。不管出于何种目的，这种做法都是对他人或者自己的不负责任。因此，三角恋或多角恋产生的情感危机一般比普通的情感危机要大，会导致三人及以上的情感纠纷。女性遭遇三角恋或多角恋的情感危机，感情受到伤害，必然会产生一系列不良情绪，产生猜疑、仇恨等心理，甚至有些人会失去理智而发生伤残亡等恶劣事件。

2. 虚假恋

这种情感危机类型源于恋爱动机本身不是为了真爱，而是为了排遣空虚、消除寂寞、寻找感情寄托；或者是将恋爱作为一种手段，证明自己的魅力价值，来满足自己的虚荣心；或者是将恋爱当作工具、桥梁，欺骗对方感情，以换取个人的名利。有的男人在和每个女孩谈恋爱时都带着一个伪善的面具，他们不会轻易在你面前表露出来，而且他们最擅长的就是甜言蜜语，一些非常单纯的女孩是根本辨别不出来的。这种类型的恋爱从一开始就掺杂了太多的虚假成分，他们并非以寻找终身伴侣为目的，和他们谈恋爱自然就没有真正的爱情和幸福。而大多数女孩又都是比较痴情的，当感情破裂的时候，女孩往往觉得自己被欺骗，这很容易激化矛盾，引发情感危机。

3. 失恋

女性因失恋引发的情感危机是指被其恋爱对象所抛弃而导致情绪、认知及行为的改变。一些女性失恋后会产生极大的痛苦和烦恼，若没有及时进行心理疏导将会导致其出现身心疾病，更有甚者因失恋而绝望，如绝食、自杀、殉情、报复他人等。

4. 经济纠葛

爱情路上不可能一帆风顺，恋人都会面临分手的危机。当恋人分手时，被分手一方在感情上遭受打击，往往情绪比较激愤，觉得自己损失较大，因此希望通过金钱来解决分手问题，从而引发经济纠纷。经济纠纷若得不到及时有效的解决，双方情绪激愤，极易造成伤害性事件。在前述案例中，女子遭遇男子索要分手费的情感危机，这给她的生活造成了很大的影响，她如果没有及时通过合法途径加以解决，那事件可能会更加恶化。

（二）婚姻情感危机类型

女性在婚姻中的情感危机类型主要包括理想完美型、缺乏自信型、过于强势型、第三者插足型、家族矛盾型等方面。本部分通过对这几个方面的分析，探寻女性在婚姻中出现情感危机的原因。

1. 理想完美型

这种类型的女性对完美的男人过于期待，在面对爱情与婚姻时，总是陷入自己的完美想象中，对待自己的伴侣也是一厢情愿地期待着对方成为自己所想象的那样。俗话说："情人眼里出西施。"热恋中的双方往往看到的都是对方的优点，而忽略对方的缺点。此外，热恋时，双方都在有意无意地掩盖自己的缺点，这使对方不能全面地认识自己。在经历了真实的婚姻生活后，双方日益熟悉，神秘感也随之消失，这才体会出理想与现实的巨大差别。在朝夕相处中，对方那些曾被忽略、掩盖的缺点全都显露出来，于是很多女人会习惯于通过"规劝""说教""诱导"等方式要求对方去改正，她们自认为这样真诚的说教有利于他人的改变，但现实中更有可能会激起对方的逆反心理，或者依然我行我素。当自己的渴望没有得到满足时，女人就会很失望，往往会开始抱怨、指责、唠叨或者咒骂，最后自己精疲力竭，双方分离或者陷入冷战。

2. 缺乏自信型

在拥有相貌和青春的日子里，女人在男人面前往往很骄傲和自信，但是随着年龄的增加，容颜已逝，内心贫乏，这会使她们的情感变得愈加空虚且没有着落，她们对生活也失去了希望。再加上丈夫在金钱、地位上的不断提升，女性变得越来越没有自信，于是就指责丈夫不再像以前一样爱自己，甚至开始嫌弃自己。在生活中，她们很容易受负面情绪的影响，变得焦躁、敏感、多疑，对丈夫也越来越不信任，她们很善于通过各种线索找到丈夫嫌弃自己的证据。这样的做法常常被丈夫理解为无理取闹，不可理喻，时间一长双方会变得反感，难以忍受，最终陷入情感危机。

3. 过于强势型

俗话说，女人似水，男人是钢。女人要温柔如水，让男人感受到女性的柔情和家的温暖。女人在婚姻中扮演的角色是妻子和母亲，女人要懂得相夫教子，经营好自己的婚姻和家庭。强势型的女人往往不懂得如何扮演自己在婚姻中的角色，她们不仅在工作上是"女强人"，回到家对待自己的男人也很强势，生活中对丈夫动不动就是指责、抱怨，嫌弃这里做得不好，那里也做得不好。男人是非常要面子的，长此以往，男人的自尊便受到了严重伤害，而几乎没有人愿意为了感情而一世牺牲自尊，这样感情就很容易出现问题，产生情感危机，最终造成婚姻的土崩瓦解。

4. 第三者插足型

婚姻关系中的第三者插足是指夫妻双方以外的人与婚姻关系中的一方有两性行为或有其他不正当的关系，从而妨害婚姻关系。婚姻中女性遭遇男性的第三者插足，对于一个家庭来说，对于一个妻子而言，都是不能容忍的。第三者的出现对婚姻的影响是难以估计的，往往会给家庭带来不和、争吵，也可能导致婚姻的破灭，给家庭带来痛苦。

在前述案例中，就是因为有了"第三者"的介入，夫妻感情才产生了危机，究其根本原因，多是因为他们的爱情有了裂缝，又不及时修补，这才导致第三者轻易插足其间。

5. 家族矛盾型

恋爱是两个人的事，结婚是两个家庭的事。男女双方来自两个家庭，婚恋行为具体受到家庭背景、父母个人、性格差异等因素的制约和影响。每个家庭的文化氛围不同，生活理念也存在差异，作为新来的媳妇，刚开始往往会不适应或者不赞同男方家庭已经成形的文化和习惯，而想让彼此都改变又是非常困难的。所以，长此以往下去，家族成员之间不懂得相互谦让，必然会产生矛盾，而这些矛盾也会影响夫妻二人的感情。最常遇见的就是婆媳矛盾，女人与自己的婆婆相处要学会尊重和低头，两代人的思想观念肯定存在差异，想改变对方的观念是非常困难的，我们唯有彼此宽容和谅解，才能在漫长的时间中相互适应。

二、女性遭遇情感危机的特征

男女两性天生存在差异，比起男性来，女性具有心思细腻、敏感脆弱、容易相信人、情绪波动大和家庭责任感强等特点。所以，女性对遭遇情感危机的态度更多地受心理差异、行为方式、性格特点等方面的影响，并表现出不同于男性的种种特征。

（一）负面情绪暴涨

女性遭遇情感危机时，心理状态及情绪动荡不安，加上心理承受能力相对薄弱，在巨大的冲击面前，她们极易产生害怕、焦虑、恐惧、怀疑、悲伤、绝望、无助、愤怒、自责、自卑等负性情绪。然而，有一些女性不能及时排解这种强烈的情绪，这会导致其心理扭曲、情绪反常。所以，受挫女性必须适时地调整情绪，要从消极的情绪状态中走出来，尽快振奋精神。

（二）心理敏感脆弱

经历了情感危机，有的女性摆脱不了这种危机感，心理承受能力弱，对爱情逐渐丧失信心，甚至放弃对爱情的追求。在这样的情况下，即便是两人不分离，她们也很难从这种状态中走出来，与自己的"过去"过不去，与"现在"也过不去，严重的自卑心理会让她们长期对自己产生怀疑，一味地相信是自己不够优秀。她们会变得过分脆弱、敏感或警觉，不易相信感情，还可能放弃对爱情的追求。女性在遭遇情感危机后，要学会坦然面对，不要相信这种危机会永远降临在自己的身上，同时内心要慢慢地强大起来，否则很容易被生活打败。

（三）认知能力下降

认知能力是指人脑加工、储存和提取信息的能力，如观察力、记忆力、想象力等。人们获取和存储各种知识、信息，主要依赖于人的认知能力。当人们的心理受到打击、情绪波动较大时，人们的认知能力也会受到一定影响。因此，女性的情感受到突然打击时，她们可能会出现一些明显的认知能力下降的现象，如记忆力下降、注意力不集中、反应迟钝、学习能力下降、语言能力下降等。

（四）健康状况欠佳

女性遭遇情感危机，心理不适可能引发生理上的不健康，如肠胃不适、食欲下降、头痛、晕厥、失眠、做噩梦、容易惊吓、呼吸困难或窒息、肌肉紧张等；恋爱中的女性可能因冲动性行为感染性病、妇科疾病，或者怀孕做人工流产导致终生不孕等。在情感上产生极大的痛苦和悲伤时，如果不及时合理地宣泄情绪、克服不良行为习惯，长时间陷进情感受挫的泥潭里不肯自拔，这会引发女性更严重的健康问题，导致其身体状况越来越差。

（五）行为表现异常

在日常行为上，受情感危机的影响，一些女性无心学习和工作，甚至连吃饭也不愿出去吃，常常表现为不知所措，神情恍惚，目光呆滞。还有一些女性因爱生恨，进行报复。比如为了报复，自己也找第三者；制造谣言污蔑和诋毁对方；有的跑到对方的单位或父母家里大吵大闹；还有的死缠烂打一直纠缠对方等，这些都是很可怕的事情。甚至还有的女性做出伤害自己、危害他人和社会的蠢事来。遭遇情感危机确实很痛苦，但是不能失去理智，不能失去道德，更不能无视法律。

在社交方面，感情受挫后，一些女性有很长一段时间都是宅在家里，不愿意出门，不想跟人接触，社交退缩或逃避，拒绝别人的邀请。即使和朋友出去社交，也不知道干些什么、说些什么，常常是别人聊得热火朝天，而自己却不愿意插进话题，对社会交往有明显的抵触情绪。

第三节　女性婚恋情感安全防范与危机处理

人类的感情问题永远是一个未解之谜，在婚恋情感中，谁也不敢保证爱情不会出问题，所以女性要懂得经营爱情，学会防微杜渐。当出现情感危机后，我们不要被消极情绪所左右，做出违背道德和法律的事情，一定要积极地进行自我调整，找到正确的方式去处理情感危机。

一、慧眼识别恋爱中的"坏男人"

在感情的世界里，形形色色的人都有，感情总是让人难以捉摸。女人要想在恋爱中找到自己的真爱，一定要懂得慧眼识别"坏男人"，以免陷入情感危机。

（一）识别"劈腿"行为

劈腿的男人对感情不专一，脚踏两只船，更有甚者脚踏多只船。女性在恋爱的时候一定要认清对方的真实面目，平时要多观察、多留意他的举动，不能一直傻傻地全部相信对方。当你发觉他在某些细节上有些怪异时，千万别大意，很有可能他正在劈腿。

1. 格外注意个人隐私

手机改密码，手机不离身。手机是我们个人的秘密空间，里面的细节能真实反映一个人的心理状态。一个男生突然把自己的手机密码改掉，而且总是手不离机，机不离身，把自己的手机看管得很严，这明显就是有了自己的秘密，而这个秘密又怕让你知道。比如，他在玩手机时你突然凑过来，他会立马关掉手机屏幕；去洗手间时，他总是把手机随身带进去；你拿他手机要查看东西时，他很厌烦地抢过去等等。每个人都有自己的秘密花园，我们可以有所保留，但是如果处处防备，那就不得不让人怀疑了。

2. 开始注重外在形象

绝大多数男人都是不拘小节的，平时对自己的外在形象不是很注重。当男人开始对自己的穿着极为讲究，对护肤品感兴趣，照镜子的时间也越来越长时，他很有可能是有了新的心仪对象，那么你一定要提高警惕。如果他的着装风格发生明显改变，可能是第三者改变了他的穿衣风格。

3. 对你身体的热情降低

男人的精力是有限的，周旋在两个女人之间，必然会身心疲惫。假如你发现两人在一起时他对你很冷淡，时常觉得你很烦，对你也没有冲动的行为，一部分的原因是他对你已经没有新鲜感，另一部分原因是他已经在第三者那里得到了满足，已无力在你身上花精力。这时候你要注意观察他是不是和别的女人有了暧昧关系。

4. 对你的态度发生变化

男人出现劈腿，对你的态度也会发生变化。他之前常常对你说自己工作忙，没有时间陪你，可是突然就有时间陪你了，对你特别好，还送礼物来讨你欢心。他有这些变化，很可能是因为劈腿心里对你有愧，做贼心虚，希望以此来补偿你。

但有的时候，他也会突然地发脾气，有事没事找碴儿挑你的毛病，给你施加压力，让你觉得自己确实有做得不好的地方。如果你发现对方总是情绪反常，莫名其妙地乱发脾气，那就要多留心看他有没有劈腿。

5. 工作量突然增多

劈腿的男人经常借口自己在忙工作，没有时间陪你。如果他真的工作很忙，身体会表现出疲惫感，甚至会有些不适症状。如果他并没有疲惫感，脸上还有一些难以掩饰的喜色，甚至有些得意扬扬，那么你一定要警惕了，他很有可能已经劈腿。同时，你发现他的花销变大，经济状况开始入不敷出，消费态度也发生了改变，开始吝啬为你投资，你一定要有所怀疑。每天强调工作很忙，要加班、要出差，那应该收入会更多，怎么会出现经济危机呢？出现这样的情况，你可以打电话去他的公司或者问问他的同事，巧妙询问一番，就可辨真伪。

6. 兴趣突然转移或增加

男人对一个女人有好感，他会试图取悦对方，了解对方的兴趣爱好。因此，他突然有了新的兴趣爱好时，有可能是受到了其他人的影响，你需要进一步试探确认。你可以表现出很感兴趣的样子，告诉他你很想跟他一起好好学习，然后观察他的反应。如果他已经劈腿，他会很急迫地否定你的意图，马上回答你"你学这个干什么，学这个对你没什么用"诸如此类的话。

7. 不把你们的约会当回事

当他在你们约会时经常有这些行为时，你一定要多加注意。在与你约会时，他的手机不时有微信和电话进来，而且他总是背着你回复，有时还会完全不顾及你的感受，提前结束约会，急匆匆走掉；情人节等重要节日里约会，他也是经常迟到或者提前借故走掉，甚至干脆放你鸽子；他会随时更改约会时间，并且拒绝计划遥远的约会。以上几种情况，偶尔出现是可以谅解的，若轮番出现，这段感情一定存在问题。

8. 总是编造各种谎言和借口

很多女人在休息的时候总是希望和自己的男朋友一起约会，吃饭、看电影、旅游等这些活动在谈恋爱时发生是再正常不过的了。但是他经常编造各种谎言和借口，说自己工作很忙，没时间陪你，或者人不在本地，出差什么的，其实他就是不想花时间陪你，那这个时候你要多加留意了。

社会中的诱惑很多，不少男人在婚恋中被诱惑劈腿，而有些女人还一直被蒙在鼓里，傻傻地爱着他们。所以，女性在恋爱时一定要提高警惕，防止被骗。

（二）识别恋爱中的"假爱"

恋爱时，能遇到合适的人并在一起是非常浪漫和美好的，但是和错误的人在一起不仅感情会受到伤害，严重的还会引发人身安全问题。因此，女人应切记擦亮自己的双眼，学会辨别真假爱情，避免感情受挫。在一段感情中，若男人是"假爱"，那么他会有这些明显的表现。

1. 快速建立感情

如果是真想和你谈恋爱的男人，他会慎重考虑，通过彼此了解和相处之后，才会对你展开追求。假如他是"假爱"，为了达到自己的目的，他会很急迫地和你建立恋爱关系。这样的男人一般嘴都特别甜，能言善辩，还会制造很多小浪漫，哄得女孩子心花怒放。当女孩沉迷于爱情时，他就会提出自己的要求，满足自己的欲望。女性在谈恋爱时一定要学会鉴别，防止进入感情雷区。

2. 没有责任心

一个男人有没有责任心对一个女人来说是非常重要的。一个有责任心的男人，他会愿意为你付出真心，会在你遇到困难时想尽办法帮助你，不让你受到委屈和伤害。可是一个没有责任心的男人，当你遇到困难和挫折时，他只会选择逃避、推卸责任，甚至害怕连累自己，直接销声匿迹。所以，女性在恋爱时一定要看清楚，如果一个男人连最基本的责任心都没有的话，那你应该尽快远离他。

3. 伸手或开口向你借钱

有一些男人谈恋爱的目的不纯，为了个人私利，骗财骗色，总是编造各种谎言向女人伸手或开口借钱。这样的男人不以花女人的钱为耻，还引以为豪，让女人心甘情愿充当自己背后的提钱机器。所以，恋爱中只要涉及钱财问题，女人务必保持清醒的头脑，三思而后行。如果你准备借钱给男友，一定要让他签下借款协议。而那些不愿意签借款协议的男人，多半对你是"假爱"，在这种情况下，你要果断离开，切莫对他有任何不忍与不舍。

4. 不愿把你介绍给他的家人或朋友

男人若是"假爱"，他不希望让太多的人知道你们之间的感情，也不会主动把你介绍给自己的家人或朋友。两人刚开始相处，不见家人或朋友是可以理解的，但是相处时间长了，你主动要求见他的家人或朋友，他还是找各种理由拒绝你的话，你就应该好好考虑他对你的感情是不是真的了。男友不愿把你介绍给他的家人或朋友，这说明他不够爱你或者不爱你，内心还想接受其他的感情，这样做也是方便他将来有一天能全身而退。在恋爱时，面对这样的男人，女性一定要多加注意，仔细识别。

5. 不会兑现他的承诺

这样的男人说话"假大空"，只会开空头支票，不会真正兑现自己的承诺。他们往往通过口头承诺去取悦女人，骗取女人的感情，在得到女人之后，就会有很多借口推托，不去兑现他们的承诺。如果女人愿意继续等着，就会一直被骗下去，如果不愿意等，那对这些男人来说反而是一种解脱，毕竟他们什么也没有损失。所以，针对男人轻易许下的诺言，女人不能总是天真地去相信。当他对你做出了承诺，一直没有兑现，甚至总是采用敷衍的态度，那说明他没有那么爱你，你应该考虑是否还要继续和他在一起。

女人在刚开始恋爱时往往会被男人的甜言蜜语冲昏了头脑，以至于陷入其中，识人不清，但当发现这个男人不值得爱时，女人一定要当机立断，切不可有任何留恋之情，否则最终受伤的只会是自己。在恋爱过程中，女性必须要懂得慧眼识男，避免自己受到感情伤害。如果遭遇情感危机，女性一定要学会自我调节，针对严重的感情侵害还要学会勇于拿起法律的武器保护自己。

二、潇洒与不值得的"旧爱"说再见

在现实婚恋生活中，很多女人不愿意接受对方不爱、背叛或欺骗自己的事实，受负面情绪的影响，分手后她们也很少能做到洒脱且祝福。既然不爱了，缘分尽了，就不要再为不值得的爱伤心难过，要学会潇洒地放下过去，对前任潇洒地说再见。

（一）委婉分手，体面分开

委婉的分手，是尊重对方；体面的离开，是尊重自己。无论是分手前，还是分手后，我们都要给彼此留有一定的余地，不要诋毁，也不要纠缠。那么，如何委婉和体面地分手呢？

情况 1： 如果你主动提出分手

（1）保持理智。当你打算提出分手时，可能是你们之间的缘分已尽，也可能是你们的感情出了问题，你不能原谅他的所作所为。不管怎么样，还是要让自己保持理智和冷静，不要通过吵闹或冷处理等方法分手。保持理智和冷静，既是对对方的尊重，又说明对待这段感情你已下定了决心。

（2）选择合适的分手方式。既然决定分手，就一定要说出来，不要选择逃避或者消失，可以根据男方的综合情况选择合适的方式提分手。条件允许的话，最好和对方在一个相对安静的公共场合当面进行交谈，可以是咖啡馆、安静的餐厅或者公园等。如果不方便当面交流，也可以通过打电话、发微信、写信的方式，和对方说清楚，但是千万不能不交流。

（3）主动承担责任。两个人到了分手的阶段，双方肯定都有做得不对不好的地方，不能把过错归咎于一方。作为主动提出分手的一方，在讲分手原因时要客观公正，要认识到自己的过错，不要一味指责都是对方的原因，要学会主动承担责任。

（4）妥善处理好分手后的问题。两人分手时，一定要妥善处理好彼此提出的问题，以防止将来出现不必要的麻烦。交流时要心平气和，不要心存怨气，彼此好聚好散，留下一个美好的回忆。同时，一旦选择了分手，那就一刀两断，放下一切怨恨，分就分得彻彻底底，不要拖泥带水，不要让对方抱有希望。

情况2： **如果你被分手**

（1）正视现实。感情破裂，分手已成为事实，你要面对和接受它。爱是不可以勉强的，留住他的人，留不住他的心。当对方提出分手后，要保持冷静，尊重对方的选择，不要恶意中伤他。冷静下来和对方理性分手，不要因为一时接受不了而做出过激的行为，也别再对你们之间存有幻想，潇洒地放下，正视现实，相信生活慢慢会好起来。

（2）自我反思。作为被分手的一方，我们不要继续去乞求和挽留。爱情就像是一面镜子，让你从对方身上看清了自己。你要反思自己在这段恋爱中的经历，思考你们分手的原因是什么，有什么地方需要引起注意，你还有哪些不足等。学会自我反思，才能更好成长。

（3）保持宽容和大度。作为被分手的一方，分手也应该体面一些，不要让对方觉得自己很脆弱。所以，你要感谢他给了你拥有爱情的机会，肯定他对这段爱情的付出。虽然你会心有不甘，心情很不好，但也不要心存怨恨，要保持宽容大度的心态，尊重他并祝福他。

（二）清理生活，彻底断联

分手后，要让自己逐渐从过去的生活中走出来，不要让消极的情绪影响自己接下来的生活。要清理自己的生活环境，不再关注对方，接受你们已经分开不能在一起的事实。

1. 清理生活。

把你身边所有属于对方的物品以及与他有关的东西都清理掉，不要让自己再睹物思人。不要舍不得，也不要有留恋，你把与他有关的东西全部清除掉，才能让自己逐渐断开和他的联系，不再有机会回想过去，否则你会因此变得更加消极。例如，删除他的电话、微信、QQ等联络方式，不再关注与对方有关的一切；把他送的礼物、他的照片及物品等，干脆扔掉或者销毁，重新建立生活秩序。

2. 彻底断联。

这是对感情的尊重，也是对彼此最好的交代。当你把所有与他相关的东西都清除、销毁后，这只是一个开始，说明你从心里决定要和他断开。只有真正从心里接受你们两人已经不能在一起的事实，你才会真正放下，不再想念。所以，为了断得更彻底，你需要做到以下几点。第一，不打扰。真正的忘记，就是能够做到互不打扰。刚分手时确实比较痛苦，短时间内不可能忘记，你需要静一静，放空自己，不要联系，不要打扰，慢慢地随着时间的推移，伤痛会逐渐消散。第二，不纠缠。有的女孩分手后还一味地纠缠对方，给对方打电话、发微信，或者去对方家里纠缠。一段感情结束，不管你们之间是真爱过，还是对方负了你，都不要再纠缠，果断放手，做好自己。第三，转移注意力。失恋后，你可能会长期沉浸在痛苦之中。这种情况之下，你可以转移自己的注意力，做一些自己认为有意义的事，把自己身上的负能量排泄出去。

（三）自我反思，重新开始

分手之后，要关爱自己，反思自我，学会自我成长，然后和过去和解，试着开始新的生活。

1. 自我反思。

感情失败的原因有很多，没有谁对谁错。既然已经分手，那就意味着在这段感情中双方都或多或少地存在过错。这些都不是最重要的，重要的是你在这段感情中学到了什么，成长了多少，在下一段感情中你又应该注意什么。

2. 重新开始。

进行自我反思之后，要给自己以希望和信心，重新开始生活。这时我们可以适当运用"酸葡萄"和"甜柠檬"效应，想想前任的一些缺点和不好，然后罗列一下自己的优点，看看自己的优势在哪里，建立自信，相信自己还会遇到更好的。

分手后的心情总是不愉快的，一些负性的情绪难以排泄，自我调适的最好方法就是学会关爱自己，如：和朋友一起美餐一顿，参加健身活动，给自己做一做美容，买几套好看的衣服，装扮自己的居室等等。要让自己的心情慢慢好起来，给自己以希望和信心，然后继续保持对生活的热爱，迎接更美好的未来。

值得的人，放心上；不值得的，说再见。既然已经分开，何必为了不值得的人和事浪费时间和精力，请潇洒一点，果断离开。未来的路很长，要学会放弃，放开他，你会过得更好。

三、"第三者"防范与应对

在婚姻生活中，很多妻子对"第三者"这个词充满了敌意和恐惧，似乎"第三者"这枚"隐形炸弹"随时都可能摧毁自己的婚姻和家庭。其实，在婚恋生活中，即使再幸福的爱情，再优秀的女性，也不能保证婚姻中不会出现第三者。因此，在婚恋中，女性要学会防微杜渐，注重细节，杜绝男人出轨，而面对第三者的出现，要保持理智和宽容的心态，找对方法才能重获幸福。

（一）如何防范婚姻中的第三者

俗话说："苍蝇不叮无缝的蛋；一个巴掌拍不响。"婚姻里出现第三者，这是所有婚姻里的人最不愿意看到的。但是第三者之所以能够介入夫妻情感当中，也不完全是第三者本人的错，也许是夫妻之间的情感出现了问题，或者是双方感情已经破裂，这才导致了第三者插足。所以，女性要学会审视婚姻中出现的问题，要懂得维护自己的家庭稳定和婚姻幸福，要注意警惕和防止婚姻中出现第三者插足。

1. 学会进行有效的沟通

夫妻之间感情有裂痕，很多时候是因为两人缺乏有效的沟通。在生活中，作为妻子，不管工作有多忙，你都应该与丈夫经常沟通，只有经常做思想沟通，才能够让彼此达到观念的基本一致。在与丈夫进行语言沟通的过程中，你不论多气愤，心情多糟糕，都要掌握好沟通的语言艺术，不可实施语言暴力，如责备的话、绝情的话、揭短的话等，这些语言在沟通时绝对不能讲，它们会破坏夫妻关系，容易产生夫妻矛盾。

2. 给他足够的关心和体贴

婚姻中出现第三者，很有可能是因为男人在妻子身上得不到足够的温暖，情感需求得不到满足，这才会使他在家庭之外寻求心灵上的慰藉。男人喜欢女人温柔一点，体贴一点，因此防范第三者插足就应该做到：生活中给他足够的关心和体贴，学会理解和宽容他，营造出家庭和睦的气氛，不断强化夫妻感情。当你的丈夫内心想的都是你时，他就不会有出轨的想法了。

3. 在外要给足男人面子

在大多数男人心目中，面子常常大于天，甚至比自己的命还重要。女人要了解和掌握他的这种心理，在该给他面子的时候，一定要给足他。在外你给足他面子，在家他就给足你面子。男人对女人的爱是建立在自尊和互相欣赏上的，如果你能满足他的内心诉求，他也会好好宠爱你，对你越来越依赖。

4. 掌握家庭经济大权

男人有钱就变坏，这句话确实有一定的道理。男人花钱向来大手大脚，一有钱，很有可能就把钱投到了别的女人身上。所以，婚后的财产最好由女人掌握，毕竟女人心比较细，会精打细算，女人掌握经济大权也会更有安全感。

5. 营造婚姻的浪漫温馨

男人和自己的妻子在一起生活时间长了，新婚的甜美早已被日常的柴米油盐所淡化，到了这个时候，就会有很多男人觉得生活变得单调、平淡，没有新鲜感。这时，聪明的女人就会在平淡中增加一些情趣，让生活更浪漫。比如，和自己的丈夫一起回忆婚前热恋的情景，唤起夫妻的情感共鸣；制造一些美丽的意外，偶尔给他一个小惊喜；一起庆祝纪念日，让丈夫觉得你时时刻刻都将他装在心里。你持续不断地给他感动，这对于巩固夫妻感情有很大帮助。

6. 做一个有魅力的女人

结婚后，随着生活的平淡和结婚生子给自己带来的压力，女人会越来越不注重外在形象和自我提升。婚后女人为家庭付出了很多，牺牲了很多，但是对男人的吸引力在逐渐下降，这样持续下去婚姻是不幸的。婚姻是相互的，势均力敌的婚姻才更牢固。最好的爱情应该是你很好，而我也不差。所以，女人要保持足够的魅力，找到提升的途径，让他越来越爱你。

（二）如何应对婚姻中第三者的出现

如果你的婚姻中突然出现了第三者，你一定要保持冷静，仔细分析，找到最合适的解决方式，切莫意气用事做出过激行为。那么如何应对才能更有利于维护自己的家庭幸福呢？

1. 第三者出现后，不要对他进行狭隘的报复

若是发现婚姻中出现了第三者，无论多么坚强的女性也会非常痛苦。作为妻子，遇到这样的事情，一定要保持理智和宽容的心态，不要陷入狭隘报复的思想误区。

误区一：离家出走或冷战

婚姻中出现第三者，大多数女性都会痛苦难受，有的干脆一走了之，甚至这辈子都不想再见到自己的丈夫，还有的会和丈夫进行冷战，直接把丈夫当空气，不管不顾不问。婚姻中出现第三者，女人的内心是十分崩溃的，但是再怎么痛苦也不能走，因为你一走，就等于把丈夫拱手让给了第三者，这岂不是得不偿失？

误区二：把家丑告诉他人

当你因心里压抑而把丈夫的不忠告诉亲朋好友时，你已经失去理智，犯下了很大的错误。因为，此时丈夫的内心是很愧疚的，也许他一时冲动做了对不起你的事，但这并不代表他不爱你了，可能他此时找不到合适的机会和你沟通。假如在这个时候，你非把事情搞大，哭闹到亲朋好友那里，这只会让他下不来台。他会觉得自己很没有面子，以后也很难在亲戚朋友面前抬起头，最后夫妻感情也不会好到哪去。

误区三：用自虐的方式博取他的同情

同情不等于爱情，靠同情留住他的人，也不一定能留住他的心。现实生活中，有的女人会采取绝食、借酒消愁等方式逐渐把自己的身体搞垮，来博取对方的同情。无论你多么在乎这段感情，如果他坚决要离开你，请你尊重他的选择。利用自虐的方式来换丈夫的回心转意，这是一种很极端的做法，这样的爱会让人恐惧，会让丈夫更加远离你。

误区四：自己也找个第三者

为了报复，自己也找第三者这种做法是很可怕的。男人找第三者，是他的不对，但现在的你处于感情的上风，你真正地掌握着主动权。此时愤怒的你应该冷静下来，想想怎么将伤害降到最低，而不是把矛盾更激化。如果你只是为了出气和惩罚自己的丈夫，出去也找一个情人，这时感情的天平就不会再倾向你，你也会变得很没理，这样负面效应的行为只会把丈夫完完全全地推向第三者。

误区五：找第三者算账

出现了第三者，女人一般会很好奇，很想看看丈夫到底找了一个什么样的女人，自己到底输在了什么地方，而且借这个机会，可以好好羞辱一番第三者。如果可以，最好不要和第三者见面，一般和第三者见面不会有好结果，如果非要见面，也不要在第三者面前失态，失去基本道德修养。当众打小三，对第三者打击报复的做法是不可取的，这样曝光丈夫的行为，大家都会受到伤害，何必呢？

2. 找到最合适的做法，拯救属于你的婚姻

婚姻是需要夫妻二人共同经营的，婚姻中出现第三者，丈夫有错在先，难道自己就没有问题吗？如果自己做得足够好，他又怎么会出轨？当你的婚姻出现第三者，发生危机时，一定要冷静下来理性分析，找到最合适的方法，拯救属于你的婚姻。

（1）保持冷静和宽容的心态。在不幸降临的那一刻，不管你当时的心情多么愤怒和悲伤，你一定要记住，在适当发泄之后，要保持足够的冷静。只有头脑冷静，才能把问题想清楚想明白，反之肆意哭闹，报复他人，只会给别人创造机会。你愿意拱手把丈夫送给别的女人吗？

（2）学会理性分析。保持理性的头脑，分析当前的情况，你需要思考两个问题：你愿不愿意挽回？他值不值得你挽回？

你愿不愿意挽回？作为受害方，你有权利决定是否要继续这段婚姻。如果你确实无法容忍丈夫对你的不忠，感觉对这段婚姻失望透顶，那就果断提出离婚，如果对方不同意，你也可以向法院起诉离婚。如果你难以放弃这段婚姻，决定不离婚，那就采取合适的方式，试着去挽回。

他值不值得你挽回？这个问题要看你丈夫的态度。如果丈夫和第三者动了真感情，你想要挽回也是非常困难的。既然这样，长痛不如短痛，留住人留不住心，所以你要想开一些，坦然面对，不必挽回。如果丈夫是因为一时冲动，而且有很好的认错态度，那这种情况可以考虑挽回。

（3）审视自己。要看到自己的优势与不足。出现第三者，很多丈夫并不想离婚，这说明你也有很多优势。一日夫妻百日恩，夫妻感情涉及两个家庭、共同财产，还牵扯到孩子，所以没有人可以轻易取代你的位置。牵扯越多，你的优势也就越大。你也要意识到自己的不足，婚姻中出现第三者，双方都有责任。想一想，你是不是也有做得不好的地方？是不是很久没有关心过他？是不是经常对他抱怨、吵闹？自己反思一下哪些地方没有做好，及时改正，提升自我。

（4）反观丈夫。在长期的感情生活中，你一定很清晰地了解丈夫是一个什么样的人。这个时候你就要好好地分析一下丈夫的心理，他为什么在这个时候找第三者？他想得到什么？他喜欢什么样的女人？了解他的心理才可以一招击中他的内心，让他重新回归家庭。

（5）侧面了解第三者。知己知彼，百战不殆。即使你不去面对第三者，也要分析清楚你的对手。她是属于哪种类型的女人？她为什么插足你们的婚姻？她吸引爱人的点在哪里？只有清楚这些，才能有针对性地击退她。

（6）重塑自我魅力，形成二次吸引。一些男人出去找第三者，源于他们对婚姻生活失去了新鲜感，感情生活没有了激情，自己的妻子越来越没有女人味。那么这个时候你就应该改变自己，在对方心里建立新的形象，从而再次吸引对方的目光，让他重回家庭。

面对这场婚姻保卫战，你一定要冷静下来，让对方明白自己在这场婚姻危机中并没有被打败。只要你有足够的信念，保持从容的姿态，在维护婚姻的过程中，你就是一个优秀而又成功的女人。

四、理性处理"失爱"的婚姻

婚姻易碎，真爱难求。没有经过加固的婚姻很脆弱，就像一面需要小心呵护的镜子，稍有不慎就会支离破碎。那么我们如何解决好婚姻中的情感矛盾，延续爱情，让它变得更牢固呢？

（一）理性分析，找到属于内心的选择

婚姻中难免有一些磕磕碰碰，两人争吵也在所难免。如果在婚姻中谁都不愿意多付出，任由生活的矛盾一点点积累，夫妻情感必然会出现各种各样的危机。其实出现婚姻危机，大多数时候是可以挽救的，但是很多夫妻却做出了非理性的选择。

在婚姻里，你是一味地选择抱怨和躲避呢，还是想方设法去化解矛盾呢？当你在婚姻危机中不知如何是好时，要先冷静下来，别冲动，理性分析自己的

情况后再做决定。

1. 判断自己是不是真的想结束这段婚姻

很多刚结婚不久的女性缺乏经营婚姻的耐心和信心，当发现婚姻生活并非自己所设想的那般美好时，她们就会选择躲避，感觉生活就要过不下去了，一时冲动就以为自己真的想离婚。还有那些在婚姻中总是遇到问题就逃避，和丈夫缺少有效沟通的女性，她们不知道如何经营感情，时间长了，感情越来越淡，矛盾越积越多，当她们无法打理这些复杂的情感时，脑子一热干脆离婚，这也是对婚姻不负责任的做法。这两种情况下离婚，她们可能不是真正地想离婚，离婚后，可能还会后悔，觉得自己当时太冲动了。这个时候，如果我们缺乏做决定的理智，不妨给自己一个冷静期，离婚冷静期就像给双方准备了一剂后悔药，等冷静下来后再去做决定也不迟。

2. 出现情感危机，想想是否还有可以挽救的机会

这时，你需要结合自己的实际情况来判断，看看彼此之间的矛盾是否还在激化，是否可以调节。实际上，我们在婚姻中都会遇到很多问题，你可以试着把它们放到一个更大的环境中去想，看看它们是不是可以解决的问题。或者自己试着换位思考，如果事情发生在别人身上，你认为应该怎么解决？尝试着这样去做，你会发现很多问题都是微不足道的小事，在你今后的岁月里也都是不值得再提的。婚姻中的很多问题，不是你换一个结婚对象就一定会解决的，很多时候我们要学会找到解决问题的根本方法。

3. 如果真想离婚，你该如何处理

如果冷静思考后，你还是觉得很难接受现实，确实没有坚持的必要了，那就痛下决定，选择离婚。婚姻中没有谁对谁错，最终走到这一步，谁都有责任。但是值得注意的是，婚姻的破裂牵扯到双方的家庭，还有孩子以后的抚养权、财产分配问题，离婚后要尽量使自己得到最大的保障。

（二）找对方法，重新开始你们的婚姻

无论你的婚姻遇到了什么样的情感危机，如果你们彼此仍有不舍，都有诚意重新开始你们的婚姻，那么你们便可以一起努力，共同走出困境。

1. 重新认识对方

提醒自己应该肯定他身上有很多你从一开始就欣赏的品质，但也要认识到时间会改变每个人，他身上可能还有很多你没有看到的优点，现在就是你重新认识他的最佳时机。你可以问一些简单的问题，比如：你每天生活中最期待的事是什么？或者请他复述一些最喜欢的童年记忆。把这些简单的问题作为深入对话的入口，重新审视他，你会发现在他身上发生了很多新的变化。了解现在的他，才有利于更好地处理你们之间的感情。

2. 找出问题所在

婚姻遇到情感问题，大多是因为彼此缺少有效的沟通。遇到问题，不能只给对方表达自己的不满和不愿意，而并不说清楚自己为什么不满意和不愿意。婚姻中没有那么多的心有灵犀，你不说对方可能就猜不到你的想法。如果你们之间有一些难以启齿的问题，你们可以把它写下来，然后进行交换，彼此了解对方所想，找出问题，解决问题。

3. 追忆美好时光

整理家庭记忆，把家庭影集拿出来，一家人一起回忆过往，谈谈影集背后的故事，以及事情发生时彼此的心情。你们还可以带上家人一起去曾经去过的地方旅游，故地重游，回忆昔日的美好时光。

4. 学会互相谅解

由于性别和性格的差异，男女双方对爱的表达和需求各有不同，彼此要学会站在对方的角度去思考问题，多理解、多谅解对方，这样才能减少矛盾，更好地维持长期关系。

5. 做好未来规划

在情感上，女人容易情绪化，很容易在情绪里失去目标，做出后悔和懊恼的事情，遇到问题也容易放弃，因为根本没有计划和目标，自然不会为之坚持。制订规划是夫妻交流沟通的好机会，有了规划和目标，婚姻生活就有了方向感，夫妻感情也会越来越深厚。

（三）相处之道，营造有爱的家庭氛围

两个相爱的人在一起生活，他们的婚姻能不能经得住考验，就看双方是否懂得如何相处和怎样经营。

1. 扮演好婚姻家庭中的角色

女人在家庭中可以是母亲、妻子、女儿、姐姐、妹妹的角色，不同的角色对我们的要求是不一样的，女人要学会不同角色之间的转换。有的女性在工作中精明能干，是女强人，但是不要把职业中的角色带到家庭和婚姻中，否则就会造成家庭关系的紧张。

（1）做男人的贤内助。大部分男人都希望自己的妻子是一个贤妻良母，在家里能照顾好一家老小，操持好家里的大小事务。这样的话，他们会觉得很踏实很舒心，并可以在外面安心工作赚钱，对妻子也会加倍珍惜，舍不得抛弃。

（2）尊重他的父母家人。在一段婚姻中，女性一定要和婆家成员搞好关系，大家庭关系搞不好，必定会影响小家庭的稳定。特别是婆媳关系，作为儿媳妇，要学会尊重长辈，遇到矛盾睁一只眼闭一只眼，试着向婆婆先低头，平时不要对婆婆期望过高。

（3）有拿得出手的厨艺。有的女人不喜欢厨房的油烟味，不愿意进厨房，也不做饭。女人下得厨房，并不是要求你做的饭菜和大厨一样，但至少要学会做家常菜。学做饭不仅仅是学会厨艺，还要学会享受做饭的乐趣，学会带着爱去做好每一顿饭。一个"上得厅堂，下得厨房"的女人，谁会不爱呢？

2. 信任是奠定幸福婚姻的基石

信任是美满幸福婚姻的基石，是两人长相厮守之道。彼此信任，就是给了对方最大的信心，婚姻情感也会更牢固。没了信任，婚姻就像一盘散沙，不堪重负，随时随地都可能被风吹散。

猜疑是相互信任的大敌。在婚姻里，很多感情走向终点，都是因为彼此不够信任，一味地怀疑对方，害怕对方欺骗自己，搞得彼此都没法好好生活。比如，在婚姻生活中，一些女人总是偷看丈夫微信里的聊天记录，看他与哪个女孩经常聊天，聊了什么内容；趁丈夫不注意的时候，翻看他手机里的通话记录，看看他每天都与谁进行通话；丈夫在外上班，调查他的行踪。夫妻感情破裂的一大隐患不就是猜疑吗？这样做真的太累了，最后彼此都厌了倦了，不得不狠心离开。

幸福的婚姻还需要夫妻间做到"绝不隐瞒"。如果彼此之间多一点儿信任，遇到问题多一点儿真诚，坦诚相待，自然就会少很多矛盾和不必要的争执。夫妻间"绝不隐瞒"是指夫妻间相互忠诚，特别是道德上的不隐瞒。

"信任"二字，说起来容易做起来难，婚姻生活中的情感问题很多都是因为信任危机而产生的，那么，我们应该如何维持夫妻之间的"信任"呢？

（1）提升自信。女人怀疑自己的丈夫，对婚姻充满不安全感，是源于自己的不自信。结婚后，夫妻间的激情逐渐消退，感情趋于平淡，女人在经济和精神上又过度依赖自己的丈夫，再加上生完孩子身材走形的缘故，很多女人觉得自己的丈夫没有以前爱自己了，每天对丈夫疑神疑鬼。所以，婚后女性要努力提升自己，让自己变得更有自信，从外表到性格，从能力到品德，挖掘自己所有的优点，努力改变自己，让丈夫的视线始终在你的身上。

（2）相互赞赏。要善于发现对方身上的优点，而且要不吝啬地去赞美他，赞美要真诚，要及时地讲出来，不能敷衍地去赞美，还要把握好赞美的度。生活中，很多女性不善于运用这样的语言，比如，情人节丈夫为了表达浪漫，精心为你准备了晚餐还买了花，满心期待地等着你回家后的夸赞，结果你看到后却一脸困惑，还责备他竟搞这些没用的。试想，对方听到后会是什么样的感受呢？估计以后再也没有这种小浪漫了吧。其实女人也是很高兴的，但就是不愿意放弃自己所谓的尊严去赞美对方。所以，生活中经常赞赏对方是必须的，这可以使对方更自信，你们的感情生活也会更幸福。

（3）留有空间。信任并不意味着两人之间没有空间与界限。我们一定要在可控的范围内给对方空间和自由，给彼此留出调整自己的空间，否则两个人都会感到有束缚感。女人应该尊重男人，男人也应该理解女人。比如，在共同生活的环境中设置属于两人各自的空间，像各自的书桌、衣柜等等；或者在双方可以接受的范围内，达成一个协议，彼此在做什么事情的时候不希望对方打扰。双方都有自己的生活圈子，应该给彼此留出调整的空间。

3. 学会夫妻沟通的艺术

沟通是一门艺术，有话好好说，这是每一个人都明白的道理。在日常的夫妻生活中，与对方交流，要避免挑毛病、抱怨和指责，同时不要带着情绪去沟通。

（1）懂得欣赏和回应对方。在生活中，我们经常看到这样的情景：有些妻子喜欢说话，喋喋不休地说，但是丈夫不是低头玩手机，就是默默不回应。在沟通中，要学会欣赏，轻视和羞辱对方会造成交流中断。生活中为什么有的丈夫选择不回应，不愿意和妻子沟通，就是因为妻子在交流中缺少了欣赏，她们经常挑丈夫的毛病，指责、抱怨，甚至与丈夫吵架。懂得欣赏是积极回应的前提，戴着有色眼镜看人，时间长了，这会让夫妻二人互相嫌弃，影响彼此感情。所以，在婚姻生活中，女人要懂得沟通的艺术。

（2）有话好好说。在婚姻中，好好说话不仅可以给对方以温暖，还能给对方以精神上的支撑。如果不好好说话，语言中多侮辱、责备、攻击对方的话，那么这些话会成为伤人的利器，会影响夫妻感情。所以，与另一半相处，最好的陪伴就是好好说话。

（3）学会吵架。在婚姻生活中，夫妻吵架是常见的现象，但并不是说不吵架的婚姻就一定是幸福的。好的婚姻不是一辈子不吵架，而是吵了架依然过一辈子。其实，从另一个角度看，吵架也是一种沟通，看你会吵不会吵，不会吵两败俱伤，会吵更有利于夫妻感情的维系。事实的确如此，在每一次吵架之后，不要论输赢对错，要与对方说出自己的想法，从吵架中总结经验和教训，收获成长，这样才能相爱一辈子。

（4）与对方分享自己的感受。为了婚姻的健康持久，夫妻间要懂得与对方分享自己的感受，不要等着对方去猜。不会表达自己的想法，隐藏自己的想法，你就无法和他实现真正的沟通。婚姻中的很多情感危机都是这样造成的。

在婚姻中，我们要积极地与对方沟通和交流，走进他的内心，去欣赏、去发现、去分享，这样你们的婚姻才会更幸福、更持久。

4. 给平淡的生活加点儿料，让婚姻保鲜

过了爱情的保鲜期，生活就开始平淡乏味，感情也会渐渐地淡去。生活中莫名其妙感情破裂的例子也不在少数。那么，妻子怎样才能让你们的婚姻永远保鲜呢？

（1）一起尝试新鲜事物。平淡的生活过久了，丈夫难免会对婚姻生活感到平淡乏味。想要在平淡无味的生活中增加一点儿激情，我们不妨换一种思维方式去看待生活，去看待对方。周末或者休息的时候，不要总是待在家里，要提议对方和你一起去尝试一些新鲜的事物，给生活增加丰富的色彩。比如，可以去新开的餐厅一起就餐，看一场新上映的电影，来一场说走就走的旅行。两人在一起尝试新事物的过程中，一起交流一起成长，你也会对他产生新的认识。

（2）营造生活的小浪漫。婚姻关系想要长久，彼此要学会用心，给平淡的生活制造一些小浪漫。比如，给他做好爱心便当，同时附上有爱的小卡片；约他一起拍生活集锦照，做成相册见证你们的幸福；在他经常出现的地方等他，制造美丽的邂逅；让他享受一天国王的待遇，行使自己的特权等等。生活不需要你每天都给他惊喜，只需要你突然的一个小浪漫，一切都会很美好。

（3）偶尔幽默一下。适当的幽默可以调动彼此的情绪，营造轻松的氛围。心情好了，家庭氛围轻松，做什么事都会有条有理，更有激情。如果夫妻间缺少幽默，都比较严肃，夫妻关系就会变得小心翼翼，很多话都放不开讲，这会影响彼此的身心健康。两人发生矛盾时，可以通过幽默缓和尴尬局面，逗得大家哈哈一笑，问题也就不是什么问题了。夫妻双方平时也可以一起看看幽默的电影、文章或者短视频等等，来培养生活中的幽默感。

（4）制造短暂的分别。夫妻在一起生活久了，那种神秘的感觉就会逐渐消失，锅碗瓢盆的小事会引发无休止的争吵。与其不断地争吵下去，不如彼此安静一下。俗话说："小别胜新婚。"这种感觉正是说明距离产生美。作为妻子，你不妨选择合适的时机和丈夫做一次短暂的分别，制造一种彼此思念的氛围，这样更有利于增进夫妻间的情感。

五、注意事项与特别说明

在婚恋生活中，女性要学会经营爱情，学会为人处世，能够掌握良好的情绪管理能力和自我形象提升的技巧也是非常重要的。

（一）掌握控制情绪的方法

只有管理好情绪，才能管理好人生。学会控制自己的情绪并非难事，只要掌握一定的方法和技巧，还是能够做到的。那么，我们在情绪低落时应该如何调整自己的心情，做出理性的判断呢？

1. 要有自我控制的意识

要勇于面对自己的负面情绪，相信自己可以摆脱负面情绪的控制，一定要让自己拥有自我控制的意识，这样你才能做情绪的主人，避免它随意闯祸。在负面情绪暴涨的那段时期，你可以每天多提醒自己几次，尽量让自己保持心平气和，情绪稳定，久而久之你就会养成习惯，情绪也会得到有效控制。

2. 转移注意力

产生不良情绪的时候，你可以转移注意力，选择做一些自己最感兴趣的事。当你在做自己感兴趣的事时，你就会暂时摆脱烦恼。在伤心难过的时候，你可以去一些人多热闹的地方，逛逛街，购购物；去锻炼一下身体，健健身，跑跑步；给自己放个假，轻松一下，去旅游观光；可以玩玩游戏，听听歌，让身体自然放轻松；或者不去想任何事情，安安静静地睡一觉。这样的方式可以转移你的注意力，让你的心情变好一些。

3. 与别人交谈

在遇到情感问题需要找人倾诉时，不要找自己的父母或者亲友，因为这样会使得情感关系比较复杂，也不要找自己的同事或上司，自己的情感问题要私下解决，不适合在工作环境里交谈。你可以找与自己关系要好的同学，因为大家年龄相仿，容易得到她们的理解和支持，也可以向专业人士咨询情感问题。当你把这些不好的情绪都倾诉出来后，你的心情就会好很多。

4. 多读书

读一本好书，如同与一位智者交谈。想调整好自己的心情，那就读书吧，读书会让你变得更理智，内心变得强大起来。多读书虽然不能直接帮你解决实际问题，但是多读书可以给你提供看问题的新视角，让你更理智更宽容地去看待问题。

5. 写下自己的心情

当你情绪低落时，你也可以拿出纸笔，把自己的心情都记录下来。把自己的负面情绪都写下来，让它们在纸上宣泄，你会发现把它们都表达出来后，自己的心情也就没有那么糟糕了。

（二）提升自我形象的技巧

在婚恋生活中，随着彼此越来越了解，感情也越来越平淡，因此有的女性就开始不注重自己的形象。虽然两人已经在一起，但不代表彼此不再需要吸引力。那么如何提升自我形象呢？

1. 保持良好的外在形象

作为女性，在婚恋生活中保持一个良好的外在形象有利于增强自己的自信心，也有利于增强彼此间的亲密关系。保持良好的外在形象，需要我们注意以下几点：

（1）头发要干净利落。美丽从头开始。对于女性来说，想要给人一个好的印象，首先要注重自己的头发。选择一款适合自己的发型，还有就是一定要注意头发的整洁度，该清洗就及时清洗，该修剪的地方就修剪，要给人一种很干净很利落的感觉。

（2）面部要保持精致。做一个精致的女人。拥有精致的脸蛋才能让人赏心悦目，想要靠近。对于女性来说，做一个精致的女人，首先要学会保养皮肤。女性朋友有时间的话需要多做做面部护理，保养自己的皮肤，然后学习化妆，改善自己的面部气色。世上没有丑女人，只有懒女人，只要随时保持良好的状态，坚持良好的护肤习惯，一定会让自己变得更加年轻和漂亮。

（3）穿着要大方得体。人要衣装，佛靠金装。学会合理的穿搭，可以扬长避短，遮盖一些瑕疵，还能够修饰自己的身型，让自己看起来更有魅力。女性想要学会穿着打扮，首先穿的衣服要合身，还有衣服搭配要合理，这样才能让自己的穿着大方得体。

（4）举止要端庄优雅。站有站相，坐有坐相，行有行相。行为举止是一个人的名片，没有得体的举止，再漂亮的脸蛋和服装也会让你的形象大打折扣。举止端庄，优雅大方，能反映出女性的高雅气质和道德素养。女性提升自己的形象，一定要注重个人的行为举止。要做一个行为举止落落大方，显得很有修养的女性，这样的女性一定是最受欢迎的。

（5）身材要健康有型。一胖毁所有，一瘦全都有。如果你的身材偏胖，体型不好，那就一定要通过健身来进行改变了。减肥塑身是一个长期的过程，不要急于求成，也不要轻言放弃，要把它作为一个习惯坚持下去。当你的体型变好之后，它不仅能提升你的个人形象，还能增强你的自信。

2. 提升自己的内在品质

青春易逝，容颜易老。提升自我形象，光靠提升外在形象还不够，还要不断地修炼自己的内在修养与气质。那么如何做一个有气质、有魅力的女人呢？

（1）做一个学识广博的女人。腹有诗书气自华。有魅力的女人大都知识底蕴丰富、知识面广，和她们在一起交谈总有说不完的话题，而且她们的一言一行落落大方，自带光芒。作为女人，要想提升内在修养，多读书是必不可少的，读书可以提升你的思想境界，可以开阔你的视野，还可以给你带来快乐。有了知识的积累，自然会在言谈举止中由内而外散发出光彩夺人的气质，这样的女人哪个男人能不爱呢？

（2）做一个温柔善良的女人。再成功、再优秀的男人，在温柔善良的女人面前也会显得不堪一击。做一个温柔善良的女人，要学会用自己的温柔善良去包容男人、体贴男人，让男人感受到你的温暖。生活中，不要凡事斤斤计较，头脑一热，做出伤人伤己的事。女人要时刻保持一颗温柔善良的心，它会使你在生活中更具女人味。

（3）做一个乐观而自信的女人。自信的女人最美丽。自信的女人从容不迫、精明干练，做事有主见，认准的事能够勇敢去挑战。自信的女人心态乐观、积极向上，总能拥有好运气，不管遇到什么困难，都能微笑去面对。自信的女人内心充裕、热爱读书、喜欢思考，注重内在品质的提升。愿我们大家都可以成为一个乐观自信、美丽大方的女人。

（4）做一个关爱自己的女人。女人一定要好好爱自己，一个连自己都不爱的女人还指望谁来爱你。一个有魅力的女人在任何时候都会关爱自己。产生情感困惑时，她会积极调整好情绪，找到原因，勇敢应对；节假日休息时，她会参与运动保持自己的身材和健康；工作遇到困难时，她不会因此而消沉或迷失。女人只有用心去爱自己，才会迎来被爱的资格。

（5）做一个生活独立的女人。做一个生活独立的女人，不做攀附的凌霄花。有自己的追求，勇敢地去追求自己想要的生活。有自己的思想和见解，不完全依赖男人。有自己的兴趣爱好，用自己的兴趣爱好来打发时间。有独立的经济来源，心安理得，自己赚钱自己花。女人们不管工作生活有多么艰辛，都要在感情中保持独立，努力撑起属于自己的那片天。

（6）做一个坚守原则的女人。在婚恋生活中，弄清楚自己想要的非常重要，否则你会迷失自我。每个人都有自己的底线，一定要坚守，不能为了对方随随便便去打破自己的原则和底线。坚持原则也是件很有吸引力的事，它会让你变得更有魅力，会让你的生活变得更顺畅。

（7）做一个有生活品位的女人。要想成为一个有品位、懂生活的女人，在生活中一定要加强自己的品位，善于掌握时尚潮流的动向，成为时尚潮流的引领者。它体现的是一个人观察和看待事物的能力，品位不是说买的东西越贵越好，而是要选出和自身气质相搭配的物品，这样才能展示出自身的品位。

你的内心是什么样子，你的生活就是什么样子。不论外在形象美还是不美，女人一定要培养一种属于自己的优雅气质，这种优雅的气质会随着你的言谈举止散发出来。所以，女人只有做到内外兼修，才会活出自己最美的样子，才会让自己活得更精彩！

第五章 女性心理安全防范与危机处理

有人说："教育好一个男孩，只是教育好了一个个体；而教育好一个女孩，就等于教育好一个家庭、一个民族、一个国家！"

社会快速转型，竞争压力加大，紧张、焦虑、抑郁成为现代人普遍的心理重负。第三期中国妇女社会地位调查显示，我国有四成女性存在不同程度的心理健康问题，这既影响女性自身健康发展，又关系家庭的幸福和社会的和谐，女性心理健康问题越来越成为全社会共同关注的焦点。关注女性的心理健康是家庭和睦的前提，是妇女发展的保障，是社会和谐进步的重要标志。

本章旨在根据当下中国女性心理安全现状，分析其产生的原因及背景，并有针对性地提出女性心理安全防范与危机处理的方法与技巧。

第一节 女性心理安全典型案例

从我们现有搜集到的资料来看，有关女性心理安全方面的问题很多，由于篇幅限制，我们不可能一一展开，所以本节按照不同的女性群体进行分类介绍，以期梳理出不同女性群体中存在的一些带有共性的问题。

一、职场女性面临的心理问题

2019 年 12 月，清华大学国际传播研究中心联合澳佳宝研究院在第十四届中国健康传播大会上发布了 2019 年《中国职场女性心理健康绿皮书》。调研结果表明，约 85％的职场女性在过去一年中曾出现过焦虑或抑郁的症状，其中约三成女性"时不时感到焦虑和抑郁"，7％的女性甚至表示自己"总是处于焦虑或抑郁状态"。有数据显示，中国女性的劳动率为 61.9％，但超过八成职场女性出现过焦虑或抑郁的症状，职场女性尤其是一些特殊行业女性的心理健康问题日益凸显，亟待加以重视。

【案情回放：河南洛阳一女教师携女自杀身亡】

2018 年 7 月 12 日，河南省洛阳市新安县某中学传来一个令人震惊的消息，该校一张姓女教师携女自杀身亡！自杀前，她留下了一份沉重的遗书：

"走了，我终究是个不善言辞的人，临走也不知该说些什么。工作压力大，无法忍受，生活也毫无乐趣，无法接受现在这个面目全非的自己，给亲人带来伤害真的很抱歉。我是自己走的，孩子是我带走的，我认为这是对她好，一切不再解释。我所有财产、物品，一切都归我爱人处理。"

【评析】

教师这个职业决定了社会对他们会有特殊的要求与期待，但他们也是普通人，也在承受着每一个普通人都必须承受的压力，他们要抚养孩子，还要赡养父母；面对日益飞涨的楼价，看着卡里微薄的工资，那种复杂的心情是和普通人一样的。工作和家庭等方面的诸多压力让他们身心疲惫，他们长期处于焦虑和压抑状态。如果这些压力和情绪长期积压在心中无处宣泄，他们必然会出现一些心理问题。

农民工一直被称为"弱势群体"，而女性农民工更是"弱势群体中的弱势群体"。这些被称为"女性农民工"的群体遇到的困难远比男性更多，她们的心理问题更加复杂，但只要心中有光，就有前进的方向。

【案情回放：农村打工妹的生活】

"很长时间没有见孩子了，总梦见孩子叫妈妈！"在省城一家私营企业上班的何某，每年只有在过年时才能回湖南和孩子见一面。像大多数农村打工妹一样，何某初中毕业后就离开老家，几年间先后在郑州、石家庄、太原打工，2006 年她和一同打工的老乡恋爱结婚，一年以后生下一个大胖小子。"我们也想带着孩子生活，但城市里生活成本太高了，根本养不起孩子！"她介绍，结婚前七八百元的月薪已经令她感到满足，但有了孩子之后，1200 元的工资都让她感到恐慌。为了养家，何某的老公去了朔州打工，两个人已经三个月没有见面了。"现在赚钱不容易，但有时候真想他呀！"她说。

（据《女性农民工现状调查：同工不同酬，情感世界空虚》，2010 年 11 月 29 日《山西晚报》整理）

【评析】

和家人，尤其是和子女的长期分离，母亲和妻子的角色定位在现实生活中不能得到完全的体现，这限制了她们的情感交流；对孩子和老人的牵挂，对丈夫工作、收入甚至对婚姻的担心，都会严重牵扯她们的精力，影响她们内心的安宁，而稳定性的缺失又使她们缺乏安全感。

【案情回放：农民工范雨素写"自传"刷屏】

北京青年报官方微博 2017 年 4 月 25 日消息称，近日，一篇名为《我是范雨素》的文章突然刷爆朋友圈，并在微信端迅速收获"10万＋"的阅读量。文章作者范雨素是一位农民工，来自湖北省襄阳市襄州区打伙村，44岁，初中毕业，目前在北京做家政女工。

文章中记录了她这些年的经历。范雨素遍读20世纪80年代在她的村子里能找到的小说和文学杂志，然后她想去看看更大的世界。她一路北上，来到距家乡千里之外的北京。范雨素现在住在东五环外的皮村，初到皮村，她陆陆续续搬了好几个地儿，最后以300元每月的价格租了一个四合院里的8平方米单间。

她和几十位有文学兴趣的打工者组成了文学小组，开始写作。"活着就要做点儿和吃饭无关的事，满足一下自己的精神欲望。"范雨素说。

她的文章中提到，她给孩子们买了一千斤书。在范雨素看来，教育包括家庭教育、社会教育、自我教育，而她认为家庭教育和自我教育是最重要的。"我改变不了大环境，但我能做的就是做好我自己，尽量给我的孩子做好榜样。"

【评析】

由衷地佩服范雨素的通透和淡然，通过文章我们可以大致了解她的经历，虽然命运多舛，但她依然有着自己的追求和坚守。透过她的人生轨迹可以探知，铸就她这种底气的很大部分原因来自她的博览群书和母亲的无条件支持。

二、婚姻家庭因素造成的女性心理问题

婚姻家庭对女性心理造成的影响不亚于工作，甚至可能更深刻、更持久。面对婚姻家庭中的不如意，女性更容易产生焦虑或抑郁的情绪，这些负面情绪如果长期得不到疏解，就会产生一系列心理问题。

（一）焦虑

婚姻、家庭是女性避风的港湾，她们渴望从这里得到心灵的慰藉，但现实生活有时候并不能全部如人所愿，当对未来无法确定，对现实又无法把控时，深深的焦虑感便会产生。

1. 婚姻焦虑

【案情回放：被婚姻焦虑折磨的女孩】

小霞是一个单身女青年，人长得不错，名牌大学毕业，工作也很体面，但是感情方面却迟迟没有着落。大学时她谈了个男朋友，毕业后，他们因为距离问题分手了。相处了两年的前任，也以对方劈腿而告吹。这一来二去的，人就30岁了。看着身边的朋友一个个结婚生子，家里又催得紧，小霞越来越焦虑。于是，她开始疯狂地去相亲，逢人就问有没有合适的单身男青年，还给自己定

了一年嫁出去的目标。然而，往往越是这样，越难找到合适的对象，也越容易让自己失去理智，陷入恐慌之中。

【评析】

"婚姻焦虑"，一种新型的焦虑类型，是这个社会的特定产物，"恨嫁女"已经不是大龄剩女的独有代名词了，很多恨嫁的女孩子年龄也才刚刚20岁出头，她们就开始迫不及待地想要把自己嫁出去。"婚姻焦虑"在未婚的女青年中是一种普遍存在的现象。

2. 教育焦虑

【案情回放：《小舍得》中的田雨岚和南俪】

在热播剧《小舍得》中，剧中的田雨岚被很多人称为"鸡娃"型家长，而她的孩子子悠也被很多人称为"鸡娃"的代表。她逼着儿子各种学习，看不得孩子一点点喘息。这种教育的方式很简单，那就是不停地给孩子打鸡血，让其学习，没有娱乐时间。剧中的南俪则是"快乐教育"型家长的代表，最初她不止一次地强调"孩子最重要的是要找到自己热爱的事情，活成她自己"。可是，现实教育的残酷性马上就让她"打脸"了。孩子的五年级数学测验考了45分。更让人伤心的是，因为成绩差，欢欢的副班长也没了。看到孩子的自尊心受到如此沉重的打击，连一向自诩为"快乐教育"的南俪一家也崩不住了。尤其是孩子的爸爸夏君山，他马上想办法给孩子报"补习班"，来弥补自己孩子的学习差距。后来他们又打起了"学区房"的主意，要给孩子找"好"初中，他们的"快乐教育"在升学考试的压力面前简直被碾压的"一败涂地"。

【评析】

《小舍得》之所以成为一部现象级电视剧，很重要的一个原因在于它在很大程度上反映了当下人们存在教育焦虑的一个现状。在这个内卷化的社会中，无论是"鸡娃"型妈妈田雨岚，还是从最初奉行"快乐教育"到后来也开始"鸡娃"的南俪，她们其实都被当下的教育焦虑所裹挟，而我们的身边也有太多这样的妈妈。

（二）抑郁

在当今社会，女性开始转变其弱势群体的角色，越来越多地承担起社会和家庭的重担。女性在工作中要做出成绩，在家庭里是女儿、妻子、儿媳妇、母亲。在多重责任下，女性要承受更大的压力。而这种压力必然会加重女性的心理负担，一旦这种多重角色出现矛盾，女性会长时间处于焦虑、担忧、压抑等不良情绪中，这会严重影响到女性的心理特质。抑郁便成了表达情感最愤懑最直接的表现。抑郁，即失去控制感。心理学家曾奇峰曾对抑郁给出过定义：所谓抑郁，就是自恋的破碎。

由于特殊的生理原因，女性在孕产期激素水平会发生明显变化，由此造成心理上的较大波动。这种心理上的波动如果没有得到及时的发现和疏解，就有可能会造成非常极端的后果。

1. 妊娠期抑郁

【案情回放：　榆林产妇跳楼自杀】

2017 年 8 月 31 日晚，陕西省榆林市某医院，产妇马某在待产时从医院五楼坠亡。事发后，医院方面称，家属多次拒绝剖宫产，最终导致产妇难忍疼痛跳楼，但产妇家属表示，他们曾向医生多次提出剖宫产，却被拒绝。

【评析】

究竟是谁拒绝为产妇实施剖宫产，我们不得而知，但事实是产妇马某在待产时自杀了。那么到底是什么原因让她在这个时候以这种方式结束自己和即将出生孩子的生命呢？生产的过程非常痛苦，但每一个妈妈都要经历这个痛苦的过程，可为什么偏偏马某在待产时会选择坠楼呢？大概率是因为是她的精神状态和心理状态都很不好，造成这个悲剧的原因很可能就是妊娠期抑郁。

2. 产后抑郁

【案情回放：　海归女博士抱着几个月大的女儿坠楼自杀】

"我什么都不要，我只要我的女儿，为什么要把她带走？""把我的女儿留下好吗？"失去妻女的李强（化名）撕心裂肺地呼喊着！

据潇湘日报报道，2020 年 4 月 27 日下午，长沙市芙蓉区东业上城嘉苑小区，李强（化名）在自家门口的楼梯间发疯似地踱来踱去，亲友寸步不离地跟随着他，他始终无法接受妻女突然离开的事实。当天凌晨 5 点左右，他的妻子苏女士带着才几个月大的女儿从另一栋楼的顶楼跳下，并当场身亡。令人惋惜的是，李强（化名）和苏女士都是博士，苏女士还是一名海归博士。

【评析】

夫妻二人都是高知，有着不错的工作，丈夫在附近某科研单位上班，妻子在宁乡市某机构上班。两人工作压力都大，丈夫李某更是常加班，事发当天，李某凌晨四点才下班回家睡觉。苏某又要上班又要带 5 个月大的小女儿，还要顾大宝。长期下来，苏某严重睡眠不足，工作压力一大，崩溃是分分钟的事。而李某还常因工作忙碌在丈夫和父亲这两个角色上缺位，苏某的身心长期得不到放松和宽慰，抑郁就不请自来了。从李某的言语中可以看出，他对妻子是有怨怼心理的。不被理解的痛苦，可能只有当事人自己最清楚。

【案情回放：　一位三娃妈走出产后抑郁的故事】

这是一个生了三胎的妈妈，她也曾经历过产后抑郁，但她和她的爱人通过自己的方式成功走出了产后抑郁的阴霾。下面的内容转自这位年轻妈妈的文章。

因为周转着四个小店，老公平时的工作很忙很忙，进货、加工、送货、售卖、管理等等，所以带孩子的责任就落在我身上了。一次，我都不记得是因为具体什么事，我跟老公吵了起来，坐在他的车后座，我瞬间克制不住自己了，抱着孩子跳下车，在大街上不管不顾地大哭起来。我实在是受不了了，太委屈了，带着几个孩子本来就累，得不到关心就罢了，还挨他那么责备，心真的碎满了一地。那时候的自己完全失控了，失去了理智，干出什么事都有可能。

还有一次，我们又闹上了。老公觉得我不理解他，他真的已经很努力地为我们这个家付出了。我却认为，他是付出，那我也在付出啊！但我也是人，也需要一点关注一点关心。我理想的生活不是这样的。我们小夫妻被生活的担子压得快有点儿喘不过气了。我埋怨他可以向亲人或父母多寻求点儿帮助。这样我们就可以不那么累，可以放松一下，放飞一下，稍微减压一下，放慢一点儿。他沉默了好久好久……最后，他跟我说了一句：我们要自立自强，一切都会过去，都会变好的。说完他也流泪了。要知道他是一个多么坚强的铁血男儿啊！瞬间心里的冰石融化成了泪水，汹涌而出，我们相拥而泣，我心里所有的抱怨也烟消云散了。

从那时候起，我就开始慢慢地反思我们的生活，反思我们的感情，开始思考接下来要做些什么改变。

第一，生活上，我们忙归忙，但不应该忽略彼此以及孩子的成长。老公把工作安排完要多抽些时间陪伴我跟孩子。

第二，感情上，我们夫妻感情基础好，但是结婚后再忙也要抽空温暖一下彼此。一个拥抱，一个爱的眼神交流，抑或是更深层次的交流也是十分必要的，要让彼此能感觉到对方。

第三，捡拾各自的爱好。我们要给对方一个合适的时间去维持自己的爱好。比如，老公爱打篮球，我爱练瑜伽、看书、逛街等。这时候孩子就只能一个人带着了，轮流制。

第四，抽时间去旅行，看看外面的世界。虽然带着三个孩子出去是非常不方便的，但是我们真的也需要呼吸一下新鲜空气，给孩子多点异域风情的体验。

一切都在往好的方面发展了，因为我们学会了思考，反思了我们的生活，我们的一切。

【评析】

没有一个人的生活可以永远岁月静好，有时也会是一地鸡毛，生活虽苦，但日子仍要继续。这位三胎妈妈的做法告诉我们，生命需要自己去承担，命运更需要自己去把握。

三、女大学生面临的心理问题

随着我国高等院校招生人数的不断增加，女大学生所占的比例越来越高，有些高校女生人数一路攀升，甚至占据了大半江山。然而，女大学生作为重要的特殊群体，其心理健康状况总体水平不容乐观。有研究表明，女生的整体心理健康水平低于男生，尤其在抑郁、焦虑、躯体化、恐怖等因子上。她们更容易产生焦虑、抑郁等负面情绪，如果这些负面情绪超过一定程度而没有得到及时、有效的调整，就很可能产生心理障碍。

（一）容貌焦虑

【案情回放： 一名女大学生的容貌焦虑】

"我每天早上起来都要照镜子，观察脸颊和鼻子上有没有长出新斑点，越照越觉得自己不好看。"海口某高校大二学生佳佳（化名）说。这个爱美的姑娘对自己的容貌产生了焦虑。"我不喜欢自己的塌鼻子、薄嘴唇，而且两眼间距大，眼睛缺乏神采……"她有些自卑地告诉海南日报记者。如果有一套女性审美标准，她认为自己一定是个不合格产品，因为她没有巴掌脸、A4腰、筷子腿。

【评析】

容貌焦虑，网络流行词，是指在放大颜值作用的环境下，很多人对于自己的外貌不够自信。女孩子们普遍爱美，对自己的容貌也都比较在意，但如果这种在意被不正确的心理暗示裹挟着，对外表的追求到了近乎病态的程度，就会在很大程度上影响自己的生活。

（二）女大学生的抑郁

【案情回放： 女大学生张晨的抑郁经历】

大二下学期临近期末，武汉某高校女生张晨（化名）决定休学。在患上抑郁症数年后，她的生活已经陷入停滞状态，思维变得迟钝，甚至有些"痴呆"：不能思考、不能阅读、难以交流，说话几乎是一个字一个字蹦出来的。严重时，"想死"的念头在她的脑子里盘旋。回家后，为了将"想死"的念头赶出脑海，她想尽了办法。先是看恐怖电影，试图让自己保持"清醒"；再到后来，则是把自己关进卫生间，锁上门坐在地上，捶自己的胸、头，让自己冷静下来，但效果不佳。"有一次实在是受不了了，我就拿起剪刀在手腕上划了一下。"此后，张晨多次躲进卫生间，用刀在手腕、手臂等部位留下伤痕。待情绪缓和后，她转身就将刀收进床头柜，用衣袖遮住血痕，下楼和家人吃饭，装作无事发生。

回想起来，张晨觉得自己在高三时就有了患抑郁症的征兆。彼时，她遭遇校园暴力，却被学校、家庭漠视，这让她一度出现了精神恍惚和抑郁症躯体化症状。晚自习的时候，她经常觉得背后有人盯着自己。她总是胸口疼，尤其是考试时，经常"疼到窒息"，去医院查，却"什么毛病都没有"。

"全凭一口'仙气'吊着。"张晨撑过了高考，离开了让自己备受压抑的高中学校，进入武汉一所985高校，学习自己热爱的专业。但这一次，她没能撑过来，只得选择"休学"。生活随之按下暂停键，一切都被拢进了抑郁的黑纱里。

（《困在抑郁症里的大学生们》，原创：2020-09-20 澎湃新闻）

【评析】

张晨的遭遇并非个例。这是许多抑郁症大学生与疾病对抗的缩影。高校大学生尤其是女大学生因学习、生活、就业等压力的增大，失恋、心理失衡等原因，抑郁症的发病率明显上升。

【案情回放： 一位抑郁症女大学生的救赎】

2015年，小禾从怀化来到省会长沙，她充满期待地踏入了大学校园。可不料，因环境适应、学习压力等问题，半个学期后，她开始经常情绪低落，敏感多疑，时常一个人偷偷哭。"当时，我感觉班里的同学都在孤立我，在背后说我坏话。我感觉自己特别没用，前途一片黑暗，甚至有想死的念头。"分享会上，小禾回忆。

2016年3月，小禾在湖南省第二人民医院确诊为重度抑郁，服用药物治疗，后休学回家调整。回家后，整整一个星期，小禾把自己关在家里，拒绝外界一切联系，也没跟父母说过一句话。小禾说，直到有一天她下楼喝水，在楼梯口碰到父亲，父亲哭着问她，"孩子你这是怎么了？你叫我一声爸爸！"她突然被父母的爱所触动，很慢地才从嘴里喊出了一声"爸爸"。自此，要努力走出抑郁的决心深植在这个女孩的心里。她坚持跑步、听音乐、看书，与父母出去旅行……

不久，小禾情况好转，她终于又回到了向往的校园。在继续与抑郁抗争的时间里，她一面听从医嘱，坚持服药，一面督促自己多与同学交流，积极参加集体活动，还热心参与支教、环保、益跑等公益活动，让自己忙碌起来，充实起来，开心起来。

"我最要感谢的是我的父母，这两年里，他们从来没有放弃我，即使在我复发的时候，他们也从来没对我失去过信心。"

（《休学？自杀？19岁女大学生与抑郁抗争两年，父母陪伴成她最大支持》，原创：2018-08-20 湖南医聊）

【评析】

小禾无疑是幸运的，她在对抗抑郁症的过程中始终有父母的陪伴。父母在帮助孩子走出抑郁的过程中扮演着重要的角色。

四、全职太太的心理问题

2015年，我国全面放开二孩政策，更多已婚女性为了抚育子女而放弃就业。据第三期中国妇女社会地位调查数据显示，"城镇已育一孩、二孩的母亲为了家庭而放弃个人发展机会的比例分别是33.58％和50.98％，在公共托幼服务、社会照料不足的情况下，职业母亲难以平衡工作与家庭关系而中断就业"，成为"全职太太"①。

而"全职太太"并不像我们想象得那样风光，结合当前社会现状，"全职太太"是一个颇具风险的职业。心理咨询师普遍认为，全职太太应对逆境的能力远不如职业女性，她们容易患上抑郁症、焦虑症。上海市妇女干部学校教育研究室主任周美珍指出，就她接触到的案例来说，全职太太开心的很少，因此"全职太太"的心理建设不容忽视。

【案情回放： 卑微， 从金钱开始】

陈太太和她老公陈先生结婚已经十五年了，九年前陈太太辞职，做起了"全职太太"。

有一天，几个朋友叫陈太太出去打麻将，陈太太答应了她们，并且约定好了时间，但是当她正准备出门时，拿着自己的钱包，她发现钱包是空的。陈太太想着都已经约好了，也不好意思拒绝，于是她便打电话给了陈先生，让他转点儿钱给自己。

但是陈先生说："这个月的生活费不是已经给你了吗？怎么还要钱，等我下班回来再说吧。"就这样陈先生挂断了电话，而陈太太突然觉得自己也不好再问他要了，也就没再打电话过去。

后来，陈太太去街上买菜，看见橱窗里的一条裙子，正准备进店时，她发现身上的钱买了菜以后剩得不多了，最终还是止住了自己的脚步。回家的路上，她一直在想：我已经很久没有买过新衣服了，这次向老陈要一点儿钱买衣服，他应该会同意吧。

晚餐时，陈太太便说起了这件事情，老陈却说："衣服有穿的就可以了，买太多家里衣柜也不好放。"陈太太的心里很不舒服，她觉得很委屈。

【评析】

一个妻子如果没有了收入来源，她所有的开销都要伸手向丈夫去讨要，夫妻之间的关系就已经开始不平等了。卑微，在夫妻之间，大多数都是从金钱开

---

① 孙淑蓉，全职太太更易患抑郁症［J］. 伴侣（B版），2007（7）：56.

始的。

【案情回放："全职太太" 的不安】

自大学毕业之后，李女士就嫁给了从事煤炭生意的丈夫，从此过上了安逸的生活，她不用参加社会竞争，只需要将小家庭维持好。丈夫也会给她提供足够的物质保障，供她休闲、购物。这样的生活让她觉得安逸美好，她享受照顾丈夫和培养孩子的成就感。然而，这样的生活仅仅维持了五年。丈夫做生意比较忙，应酬较多，回家时间很少，她渐渐地变得疑神疑鬼，总觉得丈夫有外遇。每次丈夫回家，她都抓着丈夫一直问，在外面和谁吃饭，公司新来的那个女同事是谁，她还会偷看丈夫的手机，有几次甚至有跟踪丈夫的冲动。她说自己可能是患上情绪病了，其实她很愿意相信丈夫，但是很难控制自己的情绪。这样没有安全感的生活让她觉得很累。

（王婧雯. 社会性别视角下"全职太太"现象探析：以山西省太原市为例[D]. 太原：山西大学，2014.）

【评析】

安全感的缺失是"全职太太"普遍存在的心理问题，更多表现为一种对婚姻和未来生活的恐惧。

【案情回放： 一个全职妈妈的人生蜕变】

微博某博主，浙江大学医学硕士，她曾登上"福布斯中国50位意见领袖榜单"。她创立的某母婴品牌拥有3000万粉丝，融资上亿，外加一个天天撒狗粮的老公和两个可爱到爆的萌娃，家庭事业双丰收，她是妥妥的人生赢家。

可是，你知道吗？如今风光无限的她，曾经也是一个陷入绝望的全职妈妈，是一个把老公推出卧室的无助妻子。

她结婚后跟着老公3年搬3个城市，每一次迁徙都伴随着老公的晋升和她的放弃。她想要尽快怀孕，因为她觉得自己都结婚了，现在顾好老公，以后顾好孩子，不就可以了吗？身边很多人不都是这么被社会、被家庭、被惯性推着往前走吗？

然而，理想很丰满，现实很骨感，没有岁月静好，只有一地鸡毛。

她感觉特别害怕，怕老公看不上自己了，因为他一直在晋升，而自己却没有任何进步。她开始胡思乱想，怀疑老公每天是真的加班还是在干别的什么；她甚至会去看他的女同事们的朋友圈，把她们当成假想敌……渐渐地，她变成了一个非常暴躁的抱怨者，她和老公的关系出现了危机。原来，围着老公和孩子转，这根本不是自己真正想要的生活。那一刻，一场关于全职妈妈的梦彻底破碎了。

她想起自己在备孕和怀孕时一直坚持的一件事：每天写一篇小随笔，后来变成每天写一篇读书笔记，这件事也让她成了新手妈妈群里那个"懂得最多"的人。2014年7月，在妈妈们的鼓励下，她注册了微信公众号，开始真实记录自己养育孩子的点点滴滴：怎么调整孩子的睡眠，怎么陪孩子玩，怎么给孩子制作辅食……本着医学生较真的精神，每分享一篇文章之前，她会看很多书查很多资料，以保证分享知识的准确性和科学性。而这些，她都是趁孩子睡着时做的。

和工作时找不到成就感不同，写公众号文章让该博主感到了被需要。"哇，这个改善睡眠的方法写得很好，我都看懂了，以前看书没有看懂，终于把小孩的睡眠调好了。""我照你的方法给我的小孩做辅食，孩子特别喜欢……"被更多人需要和认可，她第一次找到了自己在家庭之外的价值。

更让她开心的是，开始有妈妈在朋友圈分享自己的文章；2015年3月，第一篇10w＋新鲜出炉；不久，公众号粉丝超过了10w。再后来，她有了团队，拿到了融资。

这一年，她30岁，她第一次体验到了什么是为自己而活。每天醒来她都在为梦想而奋斗，孩子睡着之后，她还会兴奋地发起电话会议，这种忙碌除了疲惫，更多的是开心；她看到越来越多的人喜欢和信任她，也感觉到越来越强的责任感和使命感，她不敢也不愿有一刻懈怠，忙到飞起成了最向上的姿态。

在帮助更多妈妈的同时，她自己也收获了很多，做妈妈越来越有底气，整个人也越来越松弛。当她松弛下来之后，整个家庭的氛围也悄悄地发生了改变。她不再抱怨老公，而是看到了他的努力和付出；她渐渐理解了父母，明白当年给自己的是他们能做到的最好的选择；她也不再因为情绪问题而曲解公婆的好意，她把公公婆婆请了回来，一起生活到现在。

曾经，她初为人母陷入迷茫；如今，作为二胎妈妈的她不仅找到了自己，更找到了属于自己的幸福之道。因为成长，成为母亲是一件特别美好的事。

【评析】

从全职太太到职场成功女性的蜕变，我们无疑要经历艰难的过程，但实现自己的价值和持续的成长是实现这个蜕变的法宝。

第二节　女性心理安全现状及成因分析

通过第一节经典案例的呈现，我们可以发现，在当今社会中，女性的心理问题不容忽视。在本节中，我们将对现阶段女性心理安全的现状进行分析，试图从中找出这些心理问题产生的原因，并总结其特点。

一、职场女性心理问题的现状及成因分析

职场女性心理健康问题严重，受到不少因素影响。首先，不管男性还是女性，他们都面临较大的就业压力，这是劳动者心理健康问题的重要诱因。其次，职场性别歧视较为普遍和严重，尤其是在两孩时代，一些用人单位普遍不愿意聘用女性。再者，多数职场女性不仅要做好工作，还是照顾家庭的主力，这让她们很容易超负荷运转，因此她们更容易出现心理健康问题。①

（一）女教师

一项科学研究表明，职业不同，抑郁程度各异。美国《健康》杂志曾经报道，研究人员对 21 个行业员工的抑郁情况进行调查后，列出了最易导致抑郁的十大职业，教师职业竟然排在了第六位。

学校、家庭、社会的重压造成了教师"抑郁"。

在学校，她们身为老师，要对学生负责，学校的考核、排名、升学率等的重压让她们精神高度紧张；在家里，她们是女儿，是妻子，是母亲，家里的大事小情需要她们去操心，去处理，工作和生活已经让她们身心俱疲。另外，整个社会对于教师的要求和标准都很高，"为人师表"，她们必须要时时刻刻严格要求自己，不可以轻易犯错。凡此种种，这种无形的压力也好，有形的压力也罢，多年来积压在教师心中无处宣泄，多重压力，多种因素，交织在一起，必然导致一些意志薄弱者无法承受。

（二）女医护人员

由于医疗行业的高风险性、不确定性，医疗行业人员面临着比旁人更大的压力。当前，医务工作者面临的压力与挑战主要来自三个层面：首先，来自个人层面的挑战，不断增加的工作与学习压力挤压着个人空间与时间，他们难以平衡生活与工作难以平衡，现有知识不断更新所带来的压力不容小觑；其次，医患之间信任与沟通的风险，社会及媒体关注度的不断提升所带来的挑战；再次，医疗机构改革带来的市场竞争，以及医务工作者个人职业发展带来的挑战。而过多的不确定因素与压力使医务人员产生负面情绪，这并对整体医疗服务水平以及医务人员自身的健康有着重大的影响。

（三）女法官

在现实社会中，肩负裁判是非曲直、守护社会公平正义神圣使命的法官不可能超脱于普通人之上，他们也会回归凡人的本性，有生活的压力，有职业的竞争，也有人际的困惑。特别是随着近年来社会和经济急剧转型，急剧上升的

---

① 戴先任. 谁来呵护职场女性心理健康［N］. 健康报，2019-12-24（002）.

受案数量和严格的职业规范给法官带来了更多普通人体会不到的精神与心理压力，这使得他们同样不可避免地存在着心理健康方面的问题，甚至比普通人更为严重。

（四）女性农民工

农民工，尤其是女性农民工，这一更加弱势的群体在城市中会受到不平等的对待，她们缺乏社会地位和话语权，没有能力去有效维护自身的合法权益，得不到相对平等的社会和劳动保障，在融入城市的过程中极易被边缘化和孤立化。家庭的经济压力、亲子间的长期分离、居住环境的不理想、社会地位低下等系列问题，都是她们生活的一部分，甚至是她们无力撼动的生活内容。这些现实的困难让她们难以看到未来的希望，随着年龄的递增，她们的心理压力日益增加。无人沟通、压力过大、需要伴侣、对未来恐慌，是造成女性农民工出现心理问题的主要原因。

在城市打拼的过程中，在陌生的环境里，很多女性农民工孤独、彷徨，她们往往要独自面对所有的困难。情感的交联在女性自我意识不断增强的过程中十分必要，通过社交，融入集体，她们才能得到认可和归属感。和谐的人际关系可以带来愉快的情绪，可以减少孤独感、恐惧感和心理上的痛苦，从而减少心理压力。而有限的社交让她们认可和归属感的需求得不到有效的满足，她们难以得到支持和帮助。在许多劳动密集型的大企业中，员工之间的冷漠关系成为常态。按照法国社会学"鼻祖"涂尔干·埃米尔（法语：Émile Durkheim，1858—1917）在《自杀论》中的说法，个体的社会关系越孤立、越疏离，就越容易自杀。随着融入城市过程中种种艰难的点滴累积，也许一次偶然的事件就会成为压死骆驼的最后一根稻草。

除了需要综合考虑职业女性面临的职业压力外，婚姻家庭关系等因素给女性带来的影响也不容忽视。

二、婚姻家庭因素造成的女性心理问题现状及成因分析

婚姻、家庭对女性的影响很大，很多心理问题都是由婚姻、家庭的因素造成的。

（一）焦虑

心理学研究解释焦虑的产生机制：焦虑＝不确定性×无力感。这个公式中存在两个变量：你不知道的（不确定性）和你不能控制的（无力感）。你越不确定，你就会感觉越无力，这会带来一系列心理、生理和行为反应，如失眠、

认知障碍、失去自控力，以及一系列后续心身疾病。①

1. 婚姻焦虑

婚姻焦虑在很多未婚女青年中广泛存在，这已经成为一种社会现象，那么这是什么原因导致的呢？

心理学家埃里克森提出人格发展的八阶段理论，其中 18 至 25 岁是寻求亲密关系的阶段，如果没有在规定的年龄段内完成相应的人生任务，我们就会感到焦虑并产生一系列心理问题。心理学中还有一个概念为"社会时钟"，它是由社会文化所形成的一种节奏，文化场中的个体都会有意无意地遵从这种节奏。在中国文化的背景下，20 至 30 岁就是立业和成家的阶段，没能遵从这种人生节奏的个体就可能会承受相应的压力。尽管婚姻和生育是男女都会面临的问题，但相较于男性，年长女性还未结婚成家受到的议论更多。年长未婚的男性可能是"钻石王老五"，而相应的女性则是"剩女"。实际上，在婚姻问题上，女性考虑的问题相对于男性要多，什么时候结婚在一定程度上和什么时候生孩子挂钩。

另外，中国文化中强调"好女不离婚""好女不再嫁"，虽然当今社会中，大部分女性已经可以自由选择离婚与否，但还是有相当多的女性群体骨子里遵从这样的文化要求，她们一方面焦虑年龄到了该结婚成家了，另一方面又担心嫁错了人或婚后生活不如意，她们更害怕离婚。如此的矛盾挣扎无形中加剧了女性群体对于婚姻的年龄焦虑。

2. 教育焦虑

教育焦虑席卷全球的背景是我们所处的世界在发生的重大变化。畅销书《21 世纪资本论》的作者托马斯·皮凯蒂（Thomas Piketty，1971—）发现，进入 21 世纪以来，在全球范围内阶层流动越来越困难。这一现象引发中产阶层家长的极大焦虑。按照皮埃尔·布尔迪厄（Pierre Bourdieu，1930—2002年）的文化资本理论，文化资本不可直接继承，因此，教育的成功与否成为决定孩子前途的关键。②

马克思主义教育学认为，教育是人类特有的、有意识的社会活动，受政治、经济、学校、教师等各种因素的影响，具有很大的不确定性。而优质教育资源的稀缺使得母亲们在这种不确定中想象着孩子们不确定的未来。古斯塔夫·勒庞（Gustave Le Bon，1841—1931 年）指出，公众对风险的想象是引起焦虑的关键。③

---

① 张海. 如何缓解当下严重的教育焦虑 [N]. 环球时报，2021-06-24（15）.
② 张海. 如何缓解当下严重的教育焦虑 [N]. 环球时报，2021-06-24（15）.
③ 李衍香. 小学生母亲的教育焦虑及其教育干预策略研究 [D]. 沈阳：辽宁师范大学，2001.

中国是一个高度筛选的社会，现在的教育从小学就开始筛选人，教育上的这种压力导致我们身边的很多人都对教育感到焦虑，这种焦虑是整体性的。《2019 年成长焦虑白皮书》报告显示，在孩子成长方面感到焦虑的父母占91.5％，只有 1.6％的父母完全不焦虑，焦虑已经成为家长们的"通病"，家长的教育焦虑已经成为一种常态。

因为女性与生俱来的特殊生理特点，女性养育孩子在社会大众看来好像已经习以为常。"为人母"是传统女性所必须执行的最重要的角色，因此，在孩子的教育过程中母亲通常比父亲更焦虑。母亲们相信，如果孩子们在很小的时候就接受了最好的教育，他们就会取得好成绩，未来就会有好的工作。她们对孩子的教育进行了过度的想象，这种过度联想传染了整个家长群体，使每个家长都感到焦虑不安。媒体大众的错误舆论导向，培训机构的营销也助长了母亲想象式教育的焦虑感。

许多家长不了解孩子的成长规律，对教育没有科学理性的认识，有时候甚至是缺乏常识，这导致焦虑的蔓延。疫情防控期间发生了大量的亲子关系冲突事件，还导致大量悲剧的发生，这也和这种因焦虑导致的不良亲子关系有关。

（二）抑郁

已婚女性的抑郁多表现为围产期抑郁，我们通常把妊娠期抑郁和产后抑郁统称为围产期抑郁，其多发生在妇女的孕期和产后一年内。前文中提到的张姓女教师、周姓女法官、榆林产妇马某、海归女博士苏女士、商界女强人罗某等，她们的抑郁都是发生在这个时期。

1. 成因

（1）生理因素。在妊娠过程中，体内内分泌环境会发生很大的变化，产后24 小时，体内的激素会发生急剧变化，生理因素导致女性在心理上会产生紧张、疑惑、内疚和恐惧等负面情绪，如果家人不理解，家庭关系不和谐，其甚至会产生绝望自杀或者伤害孩子等异常行为。

（2）社会及家庭因素。研究发现，围产期女性抑郁状况受职业、家庭月收入、家庭环境的影响。无稳定职业的孕妇长期处于失业或家庭主妇状态，她们更容易产生抑郁情绪。究其原因，无稳定职业的孕妇可能无法保证生活费用来源的稳定，或全家的经济支持均要来源于其丈夫一方，生活压力较大，以及考虑到今后抚养孩子及其成长问题，她们容易受经济压力及负面情绪的影响，从而出现过分紧张和担忧的情绪。有研究可证明，不稳定的职业是抑郁的危险因素，不稳定的职业一方面可能导致家庭月收入的不稳定或家庭月收入低，另一方面可能导致孕妇缺乏自信。家庭主妇如果脱离工作完全在家养胎，她们缺少了精神寄托，缺乏应有的人际交流，这一客观、不可控因素会影响孕妇的情绪状况。而家人在这一时期没有发现或关注到孕产妇的不良情绪，没有及时对其提供帮助或支持是她们最终走向极端的非常重要的原因。

2. 典型表现

（1）非常容易情绪化，总想哭；

（2）对自己的评价很低；

（3）对宝宝产生内疚、自责、担心等心理，担心自己不能照顾好孩子；

（4）对生活产生厌倦；

（5）总是情绪低落，感觉没有快乐的事情。

由此我们可以看出，稳定的生活环境、家人的关怀与陪伴，是女性顺利度过围产期的关键因素。

三、女大学生的心理问题现状及成因分析

大学阶段是女性生理、心理发展的一个特殊阶段，她们的生理发育已经成熟，心理发育却相对滞后，由于身心发展的矛盾，外界因素极易影响和侵蚀她们的情绪，她们比较容易出现心理问题。另外，女大学生将面临更加严峻的境遇，她们不仅要面临当前就业领域的个别性别歧视，还要承受传统文化背景给她们带来的诸如婚恋、哺育子女等方面的压力。因此，女大学生的心理状况相较于男生而言需要更多的关注。

（一）为什么女大学生更容易产生容貌焦虑

中青校媒曾面向全国 2063 名高校学生就容貌焦虑话题展开问卷调查，结果显示，59.03%的大学生存在一定程度的容貌焦虑，女生（59.67%）中度焦虑的比例高于男生（37.14%）。

为什么女孩子更容易产生"容貌焦虑"呢？原因大致有以下几个方面：

1."女孩子一定要好看" 观念的影响

中国科学院心理健康重点实验室的王葵副研究员认为，女孩子会对身材和容貌产生焦虑的一个原因来自社会对女孩子的设定，那就是"女孩子一定要好看"。社会对女孩子外貌的过多讨论使女性对人生的观察和总结有了偏差[①]。

2. 转型期对容貌要求会比较高

这个年龄段的女性面临求职、社交、恋爱等生活新课题，她们对于容貌自我要求比较高。

3. 商家故意制造"容貌焦虑"

随着消费习惯和信息传播方式的变化，商家故意制造"容貌焦虑"，让原

---

① 夏瑾. 以瘦为美不健康，年轻人应如何走出身材焦虑［N］. 中国青年报，2021-07-20（010）.

本对此话题比较敏感的女生不停地被周围的信息暗示。医美行业宣传广告铺天盖地，不断向女孩子暗示"变美能让你的人生开挂"，这让一些女大学生认为外貌条件不过硬会成为自己成功路上的绊脚石，她们希望通过整容完成人生逆袭。海南师范大学心理学院副教授刘海燕认为，受"颜值经济""网红效应"影响，一些大学生过于放大颜值的作用，认为"颜值是第一生产力""现在是看脸的时代"，其误以为只要长得好看，就能获得美好的生活和未来①。

正是基于以上原因，一些女大学生对所谓"美"的追求已经达到病态程度。

（二）女大学生的抑郁心理

台湾南华大学生死学系所教授游金潾通过长期研究发现，大学一年级和大学三年级是抑郁症的高发期。大一学生要从依赖阶段走向独立阶段，在探索自己要走向何方的时候，他们会迷茫、会困惑；大三学生要面对人生的重新选择，他们的焦虑更多。

1. 女大学生抑郁心理的影响要素

（1）人格要素。通常而言，个体人格对人的认知、情绪、行为等都会产生一定的影响，并在一定程度上加大大学生出现心理问题的概率，尤其是部分性格内向的女学生，她们在外界消极信息的作用下往往会更敏感、脆弱，她们缺乏一定的自信心，在处理一些复杂的事情时会很悲观。

（2）人际关系要素。人类本性更喜欢群居，并需要在良好的社会关系中获得不同心理的满足。大学生虽还处于求学阶段，未正式进入社会，但已经属于半社会人，无论是在校内与同学、教师的相处，还是与社会人员、家人的相处，都会涉及人际关系的问题，良好的人际关系为个体提供精神、物质等方面的支持，在某种程度上可提高大学生的自尊心、愉悦感、幸福感。甚至可以说，人际关系的好坏对于大学生形成健康的心理素质具有十分重要的影响。目前，高校的大学生大多是独生子女，部分学生因受家庭成员过分溺爱而缺乏恰当处理人际关系的能力，交际困难现已成为诱发其抑郁心理的关键要素。

（3）情感要素。社会在发展，人们的思想逐渐开放。在大学教育阶段，学生谈恋爱早已不是需要避讳的事情。当代大学生崇尚自由，敢于表达自己的情感，但他们虽然具备爱的能力，却缺乏正确处理感情的方法。他们正处于"暴风雨式"的青春发育时期，极易受到感情的影响而产生极端情绪或行为。这为抑郁心理的产生提供了温床，严重者为爱自杀，这样的事件屡见不鲜。据调

---

① 昂颖，宋文炜. 腹有诗书气自华　别让"容貌焦虑"缠上你［N］. 海南日报，2021-07-06（A12）

查，因感情不顺而产生抑郁心理的大学生人数占总数的60%以上。从这样的数据中可明显看出，情感要素是诱发大学生产生抑郁心理的主要原因[①]。

（4）外界环境要素。这里所说的外界环境要素主要是学校、社会及家庭成长背景。前述提到的张晨，她曾经在中学阶段遭受过校园欺凌，但学校和家长对此事件都比较漠视，这让她觉得自己孤立无援，由校园欺凌导致的负面情绪长期得不到疏解，以至于她后来出现幻觉，进而引发抑郁。

2. 女大学生抑郁心理的特点

（1）情绪低落。遇事缺乏信心，无精打采，对学习、对生活兴趣索然，常常逃课，不愿与人交流思想，谈及前途时心情暗淡，对生活没有信心，甚至公开流泪；思维抑制，反应迟缓，上课时精力不集中，常常走神；行为被动，自我封闭，凡事缺乏主动性，不愿参加集体活动，个人卫生懒于料理，有沉默和独处倾向。

（2）对任何事情都提不起兴趣，易激惹。对于"三好学生""优秀干部"等名誉不主动争取，对以前感兴趣的事物不再产生兴趣，常突发冲动，行为极端。

（3）要求换环境。在学校或宿舍发生过一些矛盾，或者根本就没什么原因，便深感所处环境的重重压力，经常心烦意乱，郁郁寡欢，不能安心学习，迫切要求父母为其想办法，调换班级、学校。当真的到了一个新的地方，自己的状态并没有随之好转，还是认为环境不尽如人意，反复要求改变。

四、"全职太太"心理问题的现状及成因分析

从整体而言，"全职太太"的心理状况不太理想，造成这种现象的原因，我们梳理出以下几个方面：

（一）单一的评价体系

人是离不开评价的。社会职业的评估体系是多支点的，有直接体现的薪水和物质奖励，有领导、同事的评价，还有自身成长中感知的变化。"全职太太"由于不拿薪水，为家庭付出所得到的全部直接回报就是先生和孩子的评价。因此，"全职太太"从某种程度上来说是靠先生和孩子的表扬过日子的，而这是一个过于单一的评价系统，极易导致其心理失衡。

（二）缺席的外部驱动

人的发展需要驱动力。兴趣是一种内部的力量，责任是一种外部的力量。兴趣很重要，但是远远不够。人发展到了一定阶段要上一个大台阶的时候，往

---

① 李艳. 高职院校大学生抑郁心理问题分析及干预方式研究［J］. 心理月刊, 2020（17）: 133.

往需要特别强大的外力。在社会工作中，会有许多竞争对手、上下级来逼迫女性去超越自己，人的潜力也会被激发出来。对于"全职太太"来说，外力推动很少。在我们的成长过程中，很多时候是家长、老师和上级告诉你，你应该干这个或那个，突然没有外力了，人就会不知道应该干些什么，或者即使找到想做的事，也很难坚持下来。这也就是大多数"全职太太"虽有大把的时间和精力，却无法把一个兴趣爱好很好地发展起来的原因①。

（三）自我价值感缺失

马斯洛的需求理论将人的需求从低到高分为生理的需求、安全的需求、社会的需求、尊重的需求、自我价值实现的需求。大多"全职太太"的生活只能满足其生理的需求，而生理需求是人最浅层的需求。丈夫给予的经济支持可以满足她们日常的生活和消费需求。有些经济基础好的家庭可供女性支配的钱很充足，她们可以出入各种高档会所和名牌商店，然而这样的满足也仅仅是生理的需求。大部分"全职太太"也只是在生存方面可获得应有的支持。人类需求最大程度的满足不在于拥有多么强大的物质支持和经济基础，而是一种自我价值的实现。当代女性大多渴望加入缤纷的社会生活，享受人山人海的喧闹，在竞争激烈的工作中享受努力后带来的收获，而单一的家庭工作会让很多女性缺少自我成就感，使其认为自我价值实现程度很低。

（四）经济不能独立

男女平等的基础在于经济独立，"全职太太"的特殊性在于对丈夫的过分依赖，可以说这类女性生活的全部都维系在丈夫身上，这渐渐地会让她们缺少个性，迷失自我。鲁迅先生曾说过："女人唯有获得经济上的独立才能追求个性的解放。"除缺乏自我价值感之外，"全职太太"常常会感到自卑。自卑的根源在于经济不独立。由于没有经济的主动权，女性觉得自己的家庭地位不及丈夫，基本生活还需要丈夫的资助来维持，她们或多或少会觉得自卑。她们在丈夫面前会变得越来越卑微，这是一种由于过分依赖而生成的自卑感。这种自卑感在与社会中的女性比较之后体现得更为明显。看着别人有自己的事业，有属于自己的独立经济账户，而自己生活中只有家人和家务，她们深深感到自卑。作为一个社会人，她们做不到自强、自立、自信，很自卑。

经济支配权的失去会影响"全职太太"的家庭地位，也会让她们失去话语权。女性话语权是其家庭地位的表现，"全职太太"缺乏对社会生活的基本了解，她们往往跟不上时代发展的节奏，丈夫给予她们的决策权更是少之又少。

（五）单一角色倦怠，社交范围狭窄

马克思曾经指出，人的本质并不是单个人所固有的抽象物，而是一切社会

---

① 白玲. 中国式全职太太的心理魔障 [J]. 新闻周刊，2004（37）：53.

关系的总和。职业女性通过工作不断与社会打交道，她们可以触摸时代脉搏，紧跟社会节奏，同时与各色人物打交道，也可以拓宽交际范围，拥有一定的社交圈子，她们属于真正的"社会人"。这一切在"全职太太"那里却是"奢侈品"，她们的生活半径是家庭。社会交往圈子窄，她们渐渐会产生单一角色倦怠，这甚至会影响到个体的精神状态。比起那些依然工作着的已婚女性，全职主妇反而更多地经历着精神上的矛盾和痛苦。

（六）安全感缺失

安全感的缺失是"全职太太"普遍存在的心理问题，更多表现为一种对婚姻和未来生活的恐惧，这是一种源自未知而产生的恐惧。她们生活的全部就是家庭，自己存在的意义是由家庭对她们的需要和丈夫对自己的爱所决定的。"全职太太"主要的生活必须维系在家人身上，需要和家人保持一种密切关系。生活圈子过于狭小和安全感的缺失会让她们对家人的依赖性过强，对丈夫或孩子过于敏感。"全职太太"的心理焦虑还在于她们担心自己会被家庭和社会所淘汰。对安全的渴望是人类高于生理方面的需求，是人类不可或缺的。缺乏安全感会让女性对生活没有信心，缺乏面对未来的勇气，整日生活在对婚姻的极度恐惧中。

第三节 女性心理安全防范与危机处理

我们了解女性心理安全的现状，分析心理问题产生的原因，最主要的目的是要从中找到解决这些心理问题的办法和途径。本节着眼于女性心理安全防范与危机处理。

一、职业女性心理安全防范与危机处理

女性农民工和普通城市中的职业女性有所区别，针对这两类人群的不同特点，我们对其心理安全的防范与危机处理进行了不同的探索。

（一）城市中职业女性心理安全的防范与危机处理

多数职业女性不仅要做好工作，还要照顾好家庭，这让她们经常超负荷运转。职场女性自我心理松绑，让工作和生活更有意义，应从以下几方面着手：

1. 不必苛求自己

在工作中，要认真做好领导交代的任务，在家庭里，要认真做好一个称职的妈妈、贤惠的妻子、孝顺的女儿，要完全做好这些就已经需要付出巨大的心血了，如果再对自己过于苛求，则很有可能造成额外压力。因此，不要太过于

苛求自己，要学会适当放过自己。

2. 适当宣泄情绪

在压力过大的情况下，找不到情绪的发泄口，有的女性闷在心里和自己较劲，有的女性一受挫折就情绪失控，还有的女性严重失眠、休息不够，这些问题看似细小，但是如果得不到及时的调整，就很有可能变成抑郁的潜在因素。因此，让不良情绪找到出口，将心理垃圾及时清除，才能保证心理健康阳光。

3. 学会放松娱乐

当工作压力过大时，不妨到户外运动一下，或者跟朋友爬爬山、喝喝茶等，这能够让身心得到有效的放松，以便精神抖擞地投入到工作和生活中去。可能的话，培养一个兴趣爱好，它会使人进入一种新的境界，产生新的追求，在爱好中寻找乐趣，以驱散不健康的情绪，让生活更有意义。

4. 加强自我心理建设

自身可以通过学习和心理调适形成一种健康的心理状况，产生正确的自我意识。自我意识是自己对自己的认识与评价，良好的自我意识对女性心理健康具有重要意义。

5. 悦纳自我

悦纳自己并不是对自己没有要求，只是不再对自己的劣势或缺陷纠缠不休，不再让自己沉迷在消极与自责的不良情绪中。我们每一个人都有优势，也有劣势，我们也会成长，也会犯错，我们也会成功，也会失败，只有光明与阴影结合起来的才是完整的世界，只有优点与缺点结合起来的才是真实的人生。学会拥抱不完美的自己，才是成长的开始[1]。

（二）女性农民工心理安全的防范与危机处理

女性农民工的情感和心理更加脆弱，她们远离亲人和熟悉的环境，在陌生城市打拼的孤寂感会加剧压力问题。女性农民工的心理健康，应从以下几个方面着手：

1. 转变观念，强化自我意识

一个人在成长的过程中会逐渐产生对周围世界的认识，与此同时产生对自己的认识，即形成自我意识。自我意识是人的自觉性、自控力的前提，对自我教育有推动作用。进入城市之前，农村流动女性处于"主要做家里事"和"男性帮手"的生活状态，这强化了她们在家庭中的依附地位，限制了她们作为社会独立个体的自我意识的不断觉醒。但进入城市，环境要求她们剥离依赖，要求她们必须和男性一样平等地工作，参与社会活动，进行社会交往，这和她们

---

① 陆蓉. 高职院校女性教师的心理建设 [J]. 科学导刊（上旬刊），2019（1）：72.

以前的社会角色定位形成了冲突，这也要求她们必须要不断强化自我意识，在情感体验上更注重自我，自我行为调控更趋于理性化，要求她们能够客观评价自己，积极提升自己。从短期来看，农村流动女性自我意识的觉醒会给男性带来一定的冲击，但从长远来看，这也是女性自我成长、更好地帮助男性分担家庭责任和社会压力的主要途径。农村流动女性曾经的"男性帮手"角色决定了她们不用承担首要责任，一旦"走到人前来"，和男性一样具有平等的社会角色，这也就意味着抉择和担当。这样的角色转变对于农村流动女性而言，无疑是一种曲折缓慢的成长。

2. 加强学习，强化"市民"形象

城市劳动力市场需要掌握技术、信息和文化的人口，换言之，受教育程度越高、技能越丰富的人拥有越多选择的机会。教育与培训对于农村流动女性的重要意义在于帮助她们提高职业素质与技能水平，增强其就业核心竞争力，进一步拓展其职业发展空间。甚至有些学者通过分析证明，职业培训在促进农村人口流动方面起到的作用甚至大于正规教育所起到的作用，受过培训的农村流动人口在城市中较容易获得工作的机会。对于农村流动女性而言，技能或专长可以弥补她们未接受学校正规教育的不足。提高自身素质，进行职业和技能培训是农村流动女性实现发展的主要途径，只有这样，才能提升农村流动女性的就业竞争力，在面对技术性和需要专业知识的岗位时，她们才有选择的主动权，才能增加自由度，提升自己的社会地位。很多农村流动女性，尤其是年轻女性渴望拥有一技之长。[①]

3. 开放心态，健全社会支持系统

一个人的"社会支持网络"，指的是个人在自己的社会关系中所获得的来自他人的物质和精神上的帮助和支援。一个完备的社会支持网络包括亲人、朋友、同学、同事、邻里、老师、合作伙伴等等，还包括由陌生人组成的各种社会服务机构。依据马斯洛的需要层次理论，每个人都有获得温暖、爱、归属感和安全感的需要，而良好的人际关系是满足这些需要的重要基础。在社会支持网络中，每个人都兼有支持角色和被支持角色的双重身份，既有得到别人帮助的权利与欲望，又有帮助别人的义务与责任，以此来实现"助人自助"的双重目标。从支持内容看，可分为物质支持和精神支持。发生困难时的钱物帮助可以救急，也可以给人力量，缓解压力；相互之间的交流、倾诉让大家找到共同语言，慰藉心灵，并得到理解和支持。通过社会支持网络，大家可以互相借

---

① 王海丽. 农村流动女性心理健康状况及应对措施：基于北京市朝阳区外来农村流动女性的调研 [J]. 北京农业职业学院学报，2017（4）：73.

助对方资源，及时改变困境，这样的精神支持力量更加持久。

农村流动女性进入城市，环境的变化赋予了个体社会角色的多样性。她们首先，要有积极开放的心态，有意识地构建自己的社会关系网络，发挥社会支持系统的作用，这是尽快适应城市生活、提升心理健康水平的重要前提。其次，要善于利用各种助力，法律咨询、心理咨询、家庭关系辅导等，这都是她们可以获得社会支持的渠道。再次，主动和他人交流，建立自己的社会关系网。朋友间的倾诉本身就是减压的重要途径，有利于改善心理健康状态。

二、婚姻家庭因素造成的心理安全问题的防范与危机处理

婚姻家庭因素是导致女性心理问题产生的主要原因，因此，女性心理问题解决的突破口也必须从婚姻家庭方面入手。

（一）如何走出焦虑

1. 如何走出婚姻焦虑

单身不是个别现象，越来越多的人主动选择单身，而与之配套的社会服务也越来越完善。

结婚并不是人生唯一的选择。所有的选择都要从自己出发，抛开所有外界的声音，认真地想一想，自己到底想要什么，找到初心，之后的路该怎么走就了然于胸了。

2. 如何走出教育焦虑

教育焦虑是现在普遍存在的一种现象，其实就是对孩子未来的不安，进而产生深深的无力感。天生我材必有用，每个人都有属于自己的生命轨迹。过度焦虑的教育会困住孩子心灵里最美好的东西，他们只能通过叛逆的形式来对抗，以至于他们需要走过一段漫长的路才能回归自己原本的轨道。我们可以从以下几个方面进行调整：

（1）转变教育观念。中国很多父母认为孩子是自己的"成绩单"，孩子做得好不好，关乎自己的面子。正因为家长有这样的想法，才会对孩子有更多的控制。很多人认为孩子进入重点学校就意味着教育的成功，这种观念导致大多数母亲处于焦虑之中。

我们要承认自己是个普通人，承认孩子在很大可能上也将成为一个普通人，并能够发自内心地祝愿孩子过一个普通人的幸福人生。我们还要将孩子当作成长中的独立个体，他们有自己的成长规律，要允许他们自己去探索和创造，相信他们会有无限的潜能，让他们的成长历程为未来的幸福生活奠基，这样焦虑就会大大减少。

（2）不断学习，了解孩子身心发展规律。母亲的心智成熟能成为孩子健康

发展的土壤，父母好好学习，孩子才能天天向上。妈妈们只有不断学习，了解孩子身心发展的规律，才能读懂孩子，也才能从容应对孩子成长过程中遇到的问题。如果我们能够把孩子的成长放到整个人生的大背景下去考虑，就能够看到更远处的未来，也就可以更加平和地看待孩子成长过程中出现的问题，进而让自己变得更加从容。而一个情绪稳定的妈妈无疑对孩子的成长是非常有益的。

（3）接纳并认同焦虑的存在。"接纳并认同焦虑的存在，才不会被情绪控制。"国家二级心理咨询师许琼珊认为，有这种焦虑情绪很正常，也很普遍。当我们察觉到自己有些焦虑了，要查找焦虑源并分析焦虑来源，进行自我调适或咨询专业人士，切忌把自身的生活或工作压力施加在孩子身上。

（4）尊重孩子。每个孩子都是独立的个体，每个孩子都有自己的学习方式，要尊重孩子发展过程中的自身需要。每个孩子都有梦想，要学会尊重、鼓励孩子的梦想，了解孩子在成长过程中的兴趣爱好，多征求孩子的意愿。被尊重的孩子更容易自信，更容易自尊，在面对困难时也更容易从自身找到力量。

（5）爸爸参与进来。如果父亲角色在家庭中出现缺失，就很容易出现矛盾难以调和的局面。亲子关系的平衡在于父、母、子女的参与与角色分配，只有每个人都参与家庭运转，并发挥作用，家庭系统才能得以良好运转。在育儿的过程中，爸爸负责规则的制订和执行，妈妈负责生活保障和情感建设，"严父慈母"，各司其职，父母合力才能营造和谐的家庭环境。

（6）适当运动，转移注意力。运动分泌的多巴胺会让人感到快乐和放松，亲子运动可以促进家庭和谐。父母要多培养自己的兴趣爱好，不要把所有注意力都放在孩子身上。

（7）加强亲子沟通。贵州师范大学心理学院（心理健康教育与咨询中心）院长、教授、博士生导师潘运认为，"沟通是最有效直接的化解矛盾的方法"。回归现在的家庭问题，很多焦虑因缺乏有效沟通而成为矛盾的"爆炸点"，父母作为"过来人"提出很多想法，孩子作为独立个体也有自己的世界，如果长期不能匹配到一条水平线上，父母身上的焦虑就会传递给孩子，最终演变为全家人的焦虑。而通过与孩子畅谈，双方可以了解各自的想法与认知，找到两代人或三代人不同价值观之间的平衡点，这可以起到化解矛盾的作用。

家长的作用不是主导而是陪伴，孩子是完整的个体，有独立的思考能力和不同的发展规律，没有所谓的按部就班模式的成长法则，越是想掌握主导权，越是化不开矛盾。

（二）如何走出抑郁

"心中的抑郁就像只黑狗，一有机会就咬住我不放。"多年前英国前首相温斯顿·伦纳德·斯宾塞·丘吉尔（Winston Leonard Spencer Churchill，1874.11.30—1965.1.24）对于抑郁的比喻，充满了自嘲与无奈。

如何才能走出抑郁？这需要一种合力。

1. 寻找社会支持

强大的社会支持是走出抑郁的关键。一位知名女星曾提到击退抑郁的方法：“特别想对刚生完宝宝的妈妈们说一句，在你觉得不快乐或难过时，要立刻向爱人、家人、朋友们告知，同时要不停告诉自己：‘你，没错。’”

围产期抑郁绝大部分是因为家庭环境，身边没有可倾诉和体谅帮助的人。经研究发现，亲密和谐的家庭关系可以显著改善产妇的不良心理状态，家人的支持和关怀是产妇战胜抑郁情绪的强有力武器。丈夫是治愈抑郁的重中之重，围产期抑郁是一个家庭的问题，不要让妻子独自承受疾病的痛苦。在这个时期，丈夫要给妻子足够的关怀和爱，不管是精神上还是行动上，要做在前方引领的灯，领着她穿过黑夜，一起获得新生。

2. 自我救赎

女性在察觉到自己情绪变化的时候，要主动去做一些工作。

（1）把内心的苦闷、烦恼和担心一股脑地说出来，不要压抑自己的需求和想法。

（2）自我调节，尽快地去适应角色的转换，多想一想开心的事情，憧憬一下美好的未来。

（3）寻求自己喜爱的锻炼方式，瑜伽、跑步等都可以很好地改善自己的情绪。

（4）别让自己闲着，当你意识到自己开始有负面情绪时，记得要自己救赎自己，让自己忙起来，做家务，做自己以前喜欢可是一直没时间做的事情，不要让自己太闲散。

三、女大学生心理安全防范与危机处理

在这个快速发展的时代，向内发展出一个宁静的自我至关重要。它能让我们免于陷入负面情绪而无法自拔，也能让我们专注完成自己该完成的事，更能让我们享受当下，拥有持久的治愈力。

（一）容貌焦虑的缓解

这是一个很难不焦虑的时代，尤其对于大城市里的年轻人而言，繁重的工作使很多年轻人失去了生活的时间和空间，高房价、高消费使每个人都面临巨大的压力。这种状况使得个人的应对能力变得至关重要。我们需要宁静的自我来保持心境的稳定健康，减少焦虑，安心走自己该走的路。

1. 持续成长，宽容不完美

做一个拥有成长性性思维的人，相信无论是自己还是他人，都不会永远是当下的模样，也因此能够对自己和他人的现状保持更多的宽容。

2. "腹有诗书气自华" 更值得追求

面对容貌焦虑问题，应当调整自己对美的认知，正确认识美，了解美也是一把双刃剑。华南师范大学心理学院副教授迟毓凯曾说："容貌对于人与人相处之初时作用较大，但对人与人相处的长久过程并不能起到决定性作用，并且重要性也会下降。一定程度的容貌焦虑、注重形象无可厚非，属于正常现象，但人生的重点不能全部放在容貌上，人生重要的事情还有很多。"人的魅力的最终来源并不是美貌。"腹有诗书气自华"才应该是大学生更为重要的追求。有幸福感的人并不一定是美丽的人，而是觉得自己美丽的人。

3. 为自己制定一个明确的目标，并有计划地去实行

缓解焦虑最好的办法就是让自己做起来。在做的过程中逐渐明确自己的目标，在计划执行的过程中逐渐接近自己的目标，这种满足感可以在很大程度上缓解焦虑的情绪。

4. 悦纳自己，增强自信

学会欣赏自我，注重个人内在美的培养。一个人的格局、涵养、品格等，才是决定其未来是否幸福和成功的关键因素。

5. 拒绝迎合别人，勇敢做自己

美不应该是单一的，也从来不是单一的，而应该是多元的、包容的。每个人容貌的差异恰恰是个性的体现，因为每个人都是独一无二的存在。我们没有必要为了迎合别人的审美而强行改变自己，尤其是通过一些可能会导致自己身体失去健康的方式去改变自己①。释放自我，勇敢做自己才是最重要的。

（二）帮助女大学生走出抑郁的方法和措施

女大学生们要想从抑郁的阴影中走出来，需要从以下几个方面努力：

1. 个人方面

（1）建立一个相互支持的系统。走进大学校园后，学生们一定要建立一个相互支持的系统，同学间彼此能够感受到对方的支持，心情不好时一起聊聊天、散散步、吃些东西，这些都是有疗愈功效的方式。

感觉到自己的情绪有问题时，一定要主动寻求心理老师、辅导员甚至医生的帮助，早发现，早诊断，早治疗，从根本上解除心理安全问题带来的伤害。

（2）让自己忙碌起来。尽可能找到一个自己感兴趣的点，从这一点入手，

---

① 苑广阔. 女孩，你有"容貌焦虑"吗？[N]. 河南日报，2021-3-23.

让自己尽量投入进去，忙起来。充实和投入可以让人有获得感，人们在忙碌的过程中可以收获价值感。价值感、获得感是打败抑郁的利器。

2. 家庭方面

加强家人的陪伴与沟通。父母的陪伴不仅能够提高与子女之间的亲密程度，还能够提高子女的心理安全水平。同时，增强沟通能够使父母更加了解子女近况，及时发现问题并对其加以引导和教育，避免出现已产生严重后果才发现问题的情况。前述内容中提到的小禾就是在父母的陪伴与帮助下逐渐从抑郁的黑暗中走出来的。家人的陪伴可以为她增添力量，因为她知道在克服困难的路上并不孤单，而这可以增加她直面困难的勇气。

3. 学校和社会方面

（1）加强宣传，打消学生的"病耻感"。对抑郁症的正确认识应该是它是一场"心理的感冒"，感冒就要看医生，可能要吃药，这很正常。正如游金潾教授所说："这种感冒一定要去看，如果不看可能会产生并发症。"要通过更多的宣传让大学生群体对自己的疾病有一种认识，要拿掉传统认知中的标签，让学生在更宽松的环境中多一些主动求助，不要等到引发了更深的创伤时才被动暴露出来。

（2）在学校开设心理健康课程。在大学开设心理健康相关课程，同学们可以从理论上认识心理问题出现的原因，从而更好地接纳自己面临的问题。

四、全职太太心理安全防范与危机处理

"全职太太"是一个特殊的群体，她们不像表面看上去那样悠闲、自在、衣食无忧，她们有自己的困惑与无奈。要想打破被动的局面，扭转卑微的地位，"全职太太"需要从以下几个方面来努力：

（一）实现自我突破，重新接触社会，结交新的朋友，加入新的圈子

明确自我意识，实现自我突破，就要足够自信，学会自强。当代"全职太太"可以找到更好的出路，找到方式与社会接轨。很多女性懂得在单调的生活中做一些调剂，读书、看电影、养鱼、种花等都是她们平时的消遣方式。

从整体上来看，"全职太太"的交往圈子通常还是偏向家庭的，要弥补这方面的不足，就要想办法去重新接触社会。可以去参加一些公益活动，这样不仅能发挥自己的价值，获得成就感，还可以得到社会的承认。同时，这个圈子里有各行各业的男性女性，也有不同年龄阶段的人。在公益圈子中，大家成为朋友，常常保持着联系，空闲的时候可以去郊游、喝茶等等。"全职太太"可以去认识不同的人，彼此成为朋友，即使选择辞职回归，也不能让自己的生活圈子被家庭生活束缚，要积极参与社会生活，广泛交友，这样才能让自己看似

乏味的生活变得色彩斑斓。

（二）保持人格独立，做自己

即便"全职太太"的生活围绕着丈夫和孩子，经济源于丈夫的支持，但是她们必须明确，自己不是丈夫的"依附品"。女性首先要明白自己追求的是什么，自己渴望成为什么样的人。"全职太太"必须让自己健康、自信、自立、快乐，有主见，有思想，有个性，充满活力和积极向上，这些都与年龄和职业无关。无论选择什么样的生活方式，女性要遵循自己的内心来做决定，保持人格独立的关键在于要尊重自己内心的选择。面对矛盾和困难，要学会独立地去解决问题，在"回家不回家"的问题上，要根据自己的意愿来决定，不能交给家人替自己选择。即使回归家庭，女性必须明白"我是为自己而活着的"，要挖掘自己的潜力，在发展过程中积极地发现自己，完善自己，超越自己。

（三）努力经营自己，绽放自我

应该努力经营自己的一技之长，不要埋没自己的才华；应该拥有稳固的朋友圈，为自己提供各种信息和心理支持；应该经常通过运动、旅游等丰富多彩的文体活动改变生活节奏。即使每天面对的都是一成不变的生活，也要从中寻找乐趣，并努力提高自己。不要让自己的生活局限于洗衣、做饭等家务中，要通过参加活动或学习一技之长等来提高自己的价值，树立自信。当然，告别职业太太的身份，重新工作也是一剂良药，不要浪费了自己的才智和激情。

（四）持续学习，不断进步

关键一点，"全职太太"不能放弃学习。读书是提升自我的一种方式；自己整理和复习原来的经验，也是一种办法；积极学习、善于学习、不放弃学习的女性才能让自己更加强大。

五、女性心理安全的建立与维护

女性心理安全的建立与维护是一项复杂的系统工程，也是一个长期的过程，需要社会的支持与个人的努力，二者缺一不可。

（一）社会层面

1. 政府要不断完善以养老保险、失业保险、医疗保险、工伤保险和生育保险为主要内容的社会保障制度

调查发现，农村女性心理问题比城市女性严重，这反映了城乡之间的经济发展存在差距。为了生计，农村妇女的焦虑和抑郁程度特别突出，她们享有的社会保障和福利水平比城市妇女低。因此，要不断发展农村经济，提高农村的社会养老保险和医疗保障水平，向农村妇女和家庭提供更优惠的福利政策，缓解她们的心理压力。

2. 政府要制定有利于妇女身心健康的公共政策，特别是要加大资金的投入

（1）建立一支心理咨询专业人士的队伍，合理配备专业咨询人员，面对女性深浅不一的心理问题，以心理学知识为支撑，指导和疏解妇女因人而异的心理压力。

（2）按照新时期女性心理健康发展特点，健全心理咨询机构，利用书信咨询、网络咨询、电话咨询、团体咨询、个别咨询等不同方式，给予女性高质量和及时的心理健康服务和指导，将心理异常问题的干预和心理危机事件的预防结合起来，形成一个综合性的心理健康干预和保障体系。

（3）发挥妇联和社会公益组织在促进妇女心理健康中的重要作用。

①妇联通过政府购买服务，引导社会组织向妇女提供有效的心理支持服务。第一，购买即时通信技术平台资源。研究发现，互联网已成为妇女获得信息和资源的重要途径，甚至成为妇女主要的休闲方式。使用即时通信作为心理咨询帮扶手段，能够消除面对面咨询可能造成的尴尬和不适。除非有必要进行面对面治疗，一般的心理咨询和辅导都可以在即时通信平台上完成。第二，购买和开发心理诊断软件。妇女的心理健康问题有哪些症状，是否严重，这些对于预防心理疾病、及时就诊解决心理问题非常重要，但是这些问题并非女性个体能够准确判断的。建议开发一种心理诊断软件，以自测题的方式让女性能够尽早了解自己的心理状况，如果有问题，则即时寻求帮助。

②以妇联组织参与社会治理创新为主导，营造有利于妇女心理健康和精神需求的文化环境①。

（二）个人层面

对于女性来说，安全感至关重要。最基本的安全感来自三个方面：

1. 物质的满足

一日三餐，必不可少，而这些食物来自于自己的耕种或者购买。女性对于衣服、手机、首饰、手表等各种物质的需求，也需要得到满足。这些需要得不到满足，内心的安全感会急剧下降。

2. 精神需求的满足

女性的精神需求往往比男性更加需要得到满足，因为她们在精神方面需要获得理解、获得支持、获得合作，不像男性，更多的是自我的拼搏和自我的证明。女性的精神层面需求往往更多来自周围人的认同和认可，如果一直被孤

---

① 孙晓梅. 北京市妇女心理问题的研究与对策：以 60 名北京市妇女的心理健康调查为样本 [J].
中华女子学院学报，2016（6）：21—28.

立，她们的精神会更加压抑。

3. 情感陪伴的需求

不少女性说不需要陪伴，她们把自己完全陷于工作中去，其实这是在为自己隔离情感的陪伴需求，时间久了，难免会产生一个人习惯了的感觉。一个人的生活和两个人的生活是不一样的，两个人的生活要考虑更多层面的东西。在自己孤苦伶仃、孤立无援的时候，如果一个人能够陪伴在自己身边，那么其内心就会获得安全感。这也是为什么很多女性在最脆弱的时候容易接受一个人的好，哪怕之前对这个人很讨厌。毕竟人是情感动物，尤其是女性这种内心情感更丰富的动物。

对于女性来说，还有很多的安全感需要，但是以上三种需求是最基本的，也是确保女性能够活得更加安宁的三种需要。当这三种需要得到满足后，内心的安全感就会增加，这也是很多女性选择婚姻的原因。家庭是一个人最好的避风港。

但从长远角度看，更多的安全感还是来自自己对自己的肯定，因为肯定自己就是一种内心的强大，而这种强大是一种自我的独立。女性在新时代压力会更大，但是也会活得更有安全感，因为她们自己可以给自己带来安全感。

第六章 女学生校园生活安全防范与危机处理

女学生除了在社会环境中会受到伤害，在校园环境中也会遇到安全问题。为了减少和避免女学生的校园事故，我们应了解学校内女学生受到危害的典型案例、类型与特征，并有针对性地进行具体防范和危机处理。

第一节　女学生校园生活安全的典型案例

女学生在校园生活中遇到的安全问题主要包括校园求爱滋扰、校园贷危害、校园宿舍安全、校园交通安全和突发的其他校园安全，我们要了解校园的典型案例，进而提高安全意识，保护自身安全。

一、校园求爱滋扰

校园求爱滋扰主要包括三方面，校外人员进入学校给女学生带来的滋扰、校内教师带来的滋扰和校内学生带来的滋扰。

（一）校外人员滋扰伤害

【案情回放： 长沙女学生被校外男友割喉】

2011 年 5 月 8 日下午，湖南省长沙市某大学校园内发生一起命案，一男子持刀杀死一女学生后自杀未遂，被紧急送往医院进行抢救。据网传消息，案发地位于湖南省长沙市某大学南校区升华公寓 15 栋和 16 栋之间，一男子持刀杀害该校外国语学院一名大二女生后自杀。女生被割喉当场死亡，男子被送往医院进行抢救。警察初步查明，嫌疑人王某因恋爱纠纷将该女生杀害。

【案情回放： 福州女学生被校外男友威胁】

2019 年 10 月 28 日，福州某学校的大四女生小静（化名）收到前男友给她发来的威胁信息后选择吞药自杀。小静在玩网游时认识了校外男子郑某，之后他们成为男女朋友。10 月 12 日，小静发现郑某"劈腿"，她和对方闹矛盾，并在微博上曝光其"不轨行为"。17日晚，郑某发短信给小静，并表示，"马上把你的裸照发在学校论坛里""在学校看我怎么抓你"。随后，小静将被偷拍裸照、被威胁等事告诉了母亲和学校辅导员老师。20日，小静的母亲约见了郑某，郑某当面将手机里的裸照删除，但小静的情绪依旧不稳定，她一直担心郑某偷拍的裸照会有留底。10月28日晚9点，学校在查寝时发现小静不在寝室，当晚约11点半，小静的室友在学校附近的宾馆内发现她，此时小静已经身体抽搐，口吐白沫。小静被立刻送至福州市长乐区医院，经诊断，她吞下了200多颗药片。此后，小静被转至福建医科大学附属第一医院ICU病房。其母称，11月11日，该院的主治医师诊断小静为脑死亡（已证实）。

（二）校内教师滋扰伤害

【案情回放： 山东女学生勇敢应对导师滋扰】

2018年8月，山东某大学的研究生仇某实名举报导师梁某对自己有过滋扰行为。梁某以监考后休息为由，让学生去他宿舍并趁机性侵。微博发出后，陆续有其他学生私信曝光梁某的性侵行为。其中，梁某还以检查身体为由把跟诊的女学生骗到院内休息室，试图猥亵性侵。8月11日，对于"山东某大学梁某性侵"的实名举报，山东某大学做出回应，并以山东某大学党委宣传部的名义在其官方微信公众号上发表了一份声明，表示有关情况一经查实，将依法严肃处理，绝不姑息。

（三）校内同学滋扰伤害

【案情回放： 警惕校内男友， 避免更大伤害】

2019年3月10日晚上10点，桂林某大学女生宿舍楼附近发生了一起伤人事件。两名女学生在校园内被人用刀捅伤，受伤女生随后被紧急送往医院救治。据了解，事发地点位于桂林某大学本部女生宿舍附近，当时，两名女学生在宿舍楼下行走时遭到袭击。经查，犯罪嫌疑人梁某某（男，20岁，该校在校生）因感情纠葛，持刀将同院梁某滢（女，19岁，该校在校生）及同行的崔某某（女，20岁，该校在校生）捅伤后逃离现场。当晚，犯罪嫌疑人梁某某被民警抓获。两名女生经医院抢救已无大碍。

【评析】

以上案情向我们呈现了女学生在校园中遇到的滋扰行为，这既包括校外人员对女学生的滋扰，又包括校内教师、同学对女学生的滋扰。女学生要充分认识到滋扰行为潜在的危害性，在日常生活中要提高警惕性，谨防校园滋扰的发生。

二、校园贷的危害

脱离家长约束的女学生步入校园开始独立生活，在放松警惕的情况下误入校园贷，结果又无力偿还，最终又不堪校园贷的压力，给自身和家庭带来不可挽回的伤害。

（一）校园贷危害自身安全

【案情回放：　泉州女学生卷入校园贷自杀】

2017 年 4 月 11 日下午 2 时许，在泉州城东一高校旁的学生街某宾馆，厦门某学院大二在校女学生如梦（化名），因卷入校园贷，不堪还债压力和催债电话骚扰，选择自杀。据如梦的老师陈某透露，如梦跟她说在做代购方面的微商生意，可能因为亏了钱，从而走上校园贷的道路，最终越陷越深。统计发现，如梦卷入的校园贷至少 5 个。在某校园贷平台，通过账号查信用功能可以看到如梦的借款情况：借入累计金额 570985 元，累计笔数 257 笔，当前欠款金额 56455.33 元。面对无法偿还的巨款，如梦在宾馆内烧炭自杀。

【案情回放：　邵阳女学生卷入校园贷失踪】

2017 年 5 月，邵阳一家职业技术学院的一名 19 岁女大学生（真真）欠下巨额债务，留遗书后失踪。据了解，真真的家境不太好，在学校读书的第四年起，真真通过在超市兼职就没有向家里人要过生活费。在其遗书中显示，她一开始确实在超市做兼职，但后来也没做了。没有收入来源的真真尝试着在手机上借贷款，从此用完再借，就像上瘾一样。真真的手机上一共有 13 个借贷软件，微信也显示其关注了数十个贷款公众号。此外，还有一些个人的微信号为她提供短期的贷款。真真留下的借条显示，她每次的贷款金额并不算高，大都在 2000 元左右，借款时间为一两周。她不断通过拆东墙补西墙的方式来还贷，累计借入的金额达 30 多万元。5 月 2 日凌晨，真真在微信朋友圈留言：网贷害人害己，沾上就只有死路一条……

（二）校园贷危害家人生活

【案情回放：　女学生校园贷，　家人卖房还债】

2016 年 11 月 10 日，中国青年网报道 1995 年出生的女生小于（化名）向多个校园贷平台借款本金 30 万元，并部分提供"裸条"担保。如今，利滚利，小于要偿还借贷平台总计本息达 50 多万元，相关借贷"裸条"被发至网络。为此，她精神濒临崩溃。无奈之下，小于父亲只能将家里仅有的住房挂在网上售卖，"填坑"还债。

【案情回放：　女学生校园贷，　家人不得安生】

2017 年，女大学生小白因为生活费不足开始校园贷生活。刚开始，小白从某网贷平台借款 800 元，尝到了甜头的小白很快将 9000 元的额度全部借完用于消费。借钱后，小白又无力偿还，她只好从其他网贷平台借款。就这样拆东墙补西墙，小白一年在二十多家网贷平台借款上百次，利息也是越来越多，本来借款 9000 元，最终合计需要还款 14 万之多。最后，她不得不向家里坦白，家里人东拼西凑帮她还上 8 万元，但是仍有 6 万有余的欠款无法还清。小白的父亲表示，因为这件事家里已经不得安生，经常有网贷平台的催款人员打来电话威胁。

【评析】

以上案情向我们呈现了校园贷给女学生和家人带来的影响。女学生对校园贷不要抱有侥幸心理，因为校园贷一旦开始，将不受自己控制，庞大的偿还数额最终会危害女学生自身身心健康和家人的正常生活。因此，女学生不要提前消费，要远离校园贷危害。

三、校园宿舍安全

在校园生活中，除了班级和图书馆，学生在宿舍的时间较长。在集体宿舍中，危害学生安全的因素主要包括宿舍失火、宿舍财物被盗和其他意外事故。女学生要了解宿舍安全问题，提高警惕，并注意防范。

（一）宿舍失火事件

【案情回放： 上海女生冷静应对宿舍失火】

2020 年 9 月 13 日凌晨 3 点左右，上海某大学宿舍楼起火，整栋楼浓烟飘散，学生们穿着睡衣有序下楼避难，所幸消防救援人员及时赶到将火扑灭，无人员受伤。有网友爆料，起火原因疑似"有人抽烟，烟头掉在一楼塑料垃圾桶上着火的"。

（二）宿舍盗窃事件

【案情回放： 女生宿舍放松警惕致财物丢失】

8 月 31 日晚，某学院谢某某将高中同学吴某某留在宿舍过夜。第二天清早，吴某某撬开同寝室赵某某等六人的抽屉，盗得现金 100 多元以及价值 1000 余元的索尼随身听、衣服、鞋子等物品。

11 月 2 日，某学院崔某某放在寝室桌子上的一台手机，被来推销 CD 的两名外来女子顺手拿走。

11 月 13 日凌晨大约 2 点以后，北校区某女生寝室遭窃贼光顾，四床蚊帐被划破，被盗走手机一台（价值约 800 元），现金 50 多元。经现场勘查，窃贼通过插卡的方式打开寝室门，并进入房内实施盗窃。

（三）宿舍意外事件

【案情回放： 郑州女学生宿舍意外坠亡】

2007 年 9 月 6 日晚，郑州某高校音乐系大二女生康某从宿舍的上铺意外摔下，经抢救无效死亡。其同学郭某表示，事发前康某正在自己床上叠被子。

"她当时双腿跪在床上，一只脚耷拉在床沿上，可能是要展开被子，结果用力过猛，头往后一仰就从上铺翻了下来。大家听见'咚'的一声，她的后脑部重重地砸到了地板上。"同寝室同学说，康某当时就昏迷了，还口吐白沫。同学们赶紧给她掐人中，做人工呼吸，但康某没有反应。6日22时20分，康某被120急救车送到了河南省煤炭总医院。经诊断，康某头左侧颞顶部着地，蛛网膜下腔出血。9月8日22时40分，康某经抢救无效死亡。

【评析】

以上案情向我们呈现了校园宿舍生活中存在的隐患。宿舍属于集体生活，人员众多，一不小心引发的失火和盗窃将造成集体财产的损失。因此，在宿舍生活中，女学生不要掉以轻心，要避免造成不可挽回的损失。另外，宿舍上下铺居多，居住上铺要谨防摔倒，造成伤害。

四、校园交通安全

校园交通事故主要包括社会车辆进入学校超速驾驶或不按标识驾驶，也包括驾驶员粗心驾驶或受天气影响引发的学生受伤事故，学校要了解校园交通事故发生的原因并有效规避，保障学生安全。

（一）违规驾驶引发的交通事故

【案情回放：　河北女学生被车辆撞飞】

2010年10月16日晚9时40分许，在河北一所大学超市门口，一辆黑色轿车将两名正在校园甬路上玩轮滑的女生撞出几米远。据目击者介绍，黑色轿车当时的车速不小于70迈。然而肇事后，司机继续开车到宿舍楼接女友，接完女友后从两名受伤女生的身边开过，直接向校门口开去，之后被保安和众多学生堵在了校门口。

【案情回放：　烟台女学生被车辆重伤】

2012年7月11日下午，在烟台一所大学校园内，一名女大学生被从路边台阶上突然冲下来的轿车撞成重伤，后经抢救无效死亡。据知情人说，肇事车是从两层石台阶上冲下来的，撞上了女学生。而一个写有"禁止进入"的醒目牌子就挂在了台阶和道路的交叉处。从现场可以看到，台阶出现多处断裂，台阶下还有从车上掉下来的碎片。

（二）粗心大意引发的交通事故

【案情回放：　山东女学生被车辆撞伤】

2013年10月8日，山东一所大学校园内发生一起道路交通事故，造成3名女研究生受伤。据市公安局交警支队调查取证了解，8日12时许，市民于某驾驶出租车在该大学北校区院内，由西向东行驶至学苑研1号楼东南侧的道路交叉口处，与由南向北行驶的王某驾驶的轿车相撞，造成轿车失控，撞向正在道路西侧步行的该大学学生罗某、伊某、高某三位女生，致三人受伤。

【案情回放： 大连女学生被车辆撞亡】

2020年12月30日，大连某大学凌水主校区发生一起严重的交通事故，造成一名硕士研究生王某某身亡。涉事司机为该校教师邹某某，事发当日为雨雪天气，道路积雪结冰，故发生校园交通事故。警方已第一时间介入调查，学校依法依规全力配合警方和家属做好后续工作。

【评析】

以上案情向我们呈现了校园生活中交通事故给学生带来的伤害。在校园中，学生居多，而外来车辆不受控制，因超速、不熟悉道路、粗心驾驶、天气恶劣等因素造成的学生受伤事件很多。因此，女学生在校园中要注意行驶的车辆，要远离容易发生交通事故的地点，保障自己的人身安全。

五、校园其他事件

校园其他事件是指不能被预料到的校园突发事件，包括学生坠楼、校园袭击和其他意外事件。

（一）校园坠亡事件

【案情回放： 女学生因用学费网购引发坠亡】

2013年6月18日凌晨3点，中国某大学外语系大三学生常某从学校宿舍楼13楼跳下。警方调查发现，她把两年的学费都用于网购，除生活费外，她在两年时间里花掉了3万多元。常某出事后，室友帮她整理桌上的护肤品，差不多装了半个行李箱。他们在整理清单的同时在网店上查了每件物品的价格，其中最贵的是650元的某款面膜，其他护肤品的价位多数在两三百元以上。常某留下一封"不敢面对亲友"的遗书，但留给亲友和同学更多的，除了哀伤和悲痛，还有惋惜与思考。

【案情回放： 女学生因学习压力大引发坠亡】

2012年12月5日凌晨3点，山东济南某学院一女生小晓从五楼跳下，结束了自己年轻的生命，留下了痛不欲生的家人。她的同学曾向警方透露，小晓生前曾感觉学习压力过大，她感觉不到温暖。校方人员也表示，小晓成绩不是很好，她的课业压力较大。"她曾想放弃学习，出去打工，但在大家的劝说下回到学校。"小晓凌晨从宿舍楼坠亡，宿舍阳台的窗户为推拉式的，5楼的窗户有纱窗和玻璃窗两层，并无其他的防护设施。

【案情回放： 女学生因家庭情感引发坠亡】

2013年6月18日，中国某大学的刘雪（化名）从宿舍楼上坠落，当场身亡。中国某大学长城学院学校办公室证实，此事确有发生，目前学校正在处理。随后，记者从民警处了解到，18 日 5 时许，他们接到了关于女生坠楼的报警。经初步调查，死者是该校外语系学生，头部有血迹，左臂与右腿骨折，当场死亡。在死者的遗物中，民警发现该女生的 MP4 内有一封电子遗书，遗书中称，她因家庭感情问题对生活失去了希望。

（二）校园袭击事件

【案情回放：　女学生机智冷静应对校外男子袭击】

2015 年 11 月 7 日上午 10 点钟左右，某大学学院南路本部的一名研三女生从宿舍前往学校正门口取快递。途中，迎面走来一名 25 岁左右穿黑衣的男子，当男子经过该女生时突然用拳头猛击其左肩处，后又用拳头猛击该女生左脸，然后迅速离开。女生迅速跑向保安处，保安跟随该女生找到了该男子，并将其擒获，然后报警。

【案情回放：　女学生应远离校内袭击】

2017 年 12 月 15 日早上，在西安一所学院校园内，一名穿白色上衣的女子手中拿着刀向多人追去，疑似想伤害他人。之后，这名女生被人制服。该学院工作人员表示，持刀行凶的女生是该校一名在读女生，目前其在辖区派出所接受调查，事件的具体原因学校也不清楚，要看警方的调查结果。在这次事件中，有一名女生下巴被划伤，被送到医院治疗，这名女生经缝针后身体无碍，已回到学校。

（三）校园意外事件

【案情回放：　湖南两女学生校内遭群狗撕咬】

2018 年 5 月 1 日 21 时左右，湖南某大学化工学院一女生在校园内被多只流浪狗追咬，右手背和腰部两处被咬伤。5 月 2 日 16 时左右，湖南某大学法学院一名女生再次遭到多只流浪狗追咬，右腿后侧被咬伤。目前，两名女生在学院老师的陪同下已及时到医院进行狂犬疫苗注射和伤口处理，学生目前身体情况稳定，已恢复正常学习和生活。

【案情回放：　内蒙古女学生跑步猝死、自缢】

2019 年 11 月，内蒙古一所大学发生两起学生意外死亡事件。其中一起发生在 11 月 2 日下午，一名女生在学校西区操场跑步时猝死。另外一起发生在 11 月 5 日下午，一名女生在宿舍内用鞋带自缢。自缢死亡的学生生前一段时间情绪不太稳定，且因成绩原因遭到学籍预警，班主任和学院老师曾多次为其进行过心理疏导。

【评析】

以上案情向我们呈现了校园生活中猝不及防的伤害事故，其中包括校园坠亡、人员袭击、流浪狗撕咬、跑步猝死等。女学生在校园生活中要保持积极向上的心态，及时排解忧虑，还要保持健康的生活状态，正常作息，规律饮食，同时要远离校园流浪狗、猫，避免咬伤、抓伤。

第二节 女学生校园生活危害的类型与特征

女学生在校园生活中受到的危害可根据不同的分类标准分为不同的类型，我们可以归纳总结其类型，并有针对性地进行预防和危机处理。女学生在校园生活中的危害还具有明显的特征，我们要明确校园生活危害的影响，防范校园危害的发生。

一、女学生遭受校园生活危害的类型

目前对于校园伤害事故的分类有很多，有按照校园事故发生原因分类的，有按照不同的行为方式分类的，还有按照校园伤害中致害主体进行分类的。

（1）按照校园事故发生的原因分类

按照事故原因，校园危害比较典型的有校园求爱滋扰、校园贷伤害、校园宿舍安全、校园交通事故等。

1. 校园求爱滋扰

校园求爱滋扰人员主要包括校内教师、同学、外校学生和社会成员。教师滋扰指教师利用教师身份在女大学生缺乏警惕时实施侵犯或者利用职务之便以毕业证书和未来就业威胁女大学生实施滋扰。同学和外校学生滋扰主要表现为对女同学的纠缠，进而影响其正常生活和学习。社会人员情感纠纷主要指步入社会的男性对女大学生求爱或分手后持续不断地骚扰、纠缠和威胁，严重影响女大学生的身心健康。

2. 校园贷伤害

校园贷伤害主要是指女大学生利用各种借贷平台借钱，满足自身消费需要，在还款期限前又无力偿还，被追债威胁后不堪其扰造成的伤害。女大学生进入大学生活，缺乏自律又无人约束，在和同学的交往中难免产生攀比心理，她们便开始任意消费，实现自身心理平衡。而校园规范严格，女大学生不能长时间外出做兼职，这导致其没有收入来源，她们便只能通过借贷平台借款，到还款期限又没有偿还能力，被迫造成伤害事故。

3. 校园宿舍安全

校园宿舍安全主要包括防盗安全和失火安全。宿舍防盗主要指学生放在宿舍的贵重物品遗失，包括手机、电脑、银行卡等。随着网购和物流运输的便捷，学生购买的快递和外卖也成了宿舍防盗的主要内容。宿舍失火主要是女大学生违规使用电器，在使用电器后又不妥善处理，粗心大意造成火灾发生。

4. 校园交通事故

校园交通事故一般是指私家车辆在校园内超速行驶或司机不熟悉校园交通道路，又或是恶劣天气导致车辆失控造成学生受伤的事故。要减少校园内的交通事故，就要对进入校园的私家车辆进行严格控制，增加校园内交通道路的标识，对易出事故地点加强防范，保护学生的安全。

5. 其他校园事故

在校园生活中，还有一些突发的校园意外，如学生坠楼伤亡、恶意伤人、流浪狗伤人、宿舍上铺摔伤、跑步猝死、心理创伤等。为减少校园事故发生，学校要加强学生安全教育和巡逻防范，教师要及时关注学生心理健康，宿舍阿姨要加强巡视，同学之间也要互相关心，防范校园意外发生。

（二）按照不同的行为方式进行分类

朱艳玲和仲瑶瑶按照不同的行为方式，将校园伤害事故分为积极的校园侵权事故和消极的校园侵权事故。

1. 积极的校园侵权事故

积极的校园侵权事故可界定为由学校及相关工作人员以作为的方式侵害学生的合法权益。学校及其工作人员违反法律规定，以积极的行为方式使学生的人身权益或财产权益遭受损害，这种侵害学生权益的事故在校园时有发生，如体罚学生、对学生人格尊严的侮辱等。

2. 消极的校园侵权事故

消极的校园侵权事故指学校以不作为的方式侵害学生的合法权益。法律中的不作为是相对于作为而言的，指行为人（学校）负有实施某种积极行为的特定的法律义务，有实行能力而未能实行的行为。此类校园伤害事故较为复杂，故消极的校园侵权事故是司法实务中需解决的重点和难点。

（三）按照校园伤害中致害主体进行分类

根据校园伤害中致害主体的不同，可以将校园伤害案件划分为学校责任事故、学生及其监护人责任事故、第三人责任事故，以及受害人和第三人存在共同过错的责任事故四种类型。

1. 学校责任事故

学校责任事故是指学校由于过错，违反教育法律法规及其有关规定，未对在校就读的未成年学生尽到教育、管理、保护的职责，导致校园学生伤害事故发生，学校应当承担事故的侵害赔偿责任。通常表现为教师、学校员工在对学生进行教育管理的过程中采取不当方式致使学生受到人身伤害，还可表现为学校未尽到法定教育、管理等义务而致使学生受到伤害。学校责任事故又可以根据校方的过错分为校方有故意和校方有过失两类。

（1）校方有故意的校园伤害事故。因校方直接故意引发的校园伤害事故。直接故意，指行为人明知其行为会发生危害社会的结果，却希望结果发生的主观心理态度。该类事故大多因校方人员有意对学生造成人身伤害（如伤及学生身心健康的体罚行为等）。

因校方间接故意引发的校园伤害事故。间接故意，指行为人明知其行为会发生危害社会的结果，却放任这种结果发生的主观心理态度。该类事故大多因校方人员对于危及学生身心健康的行为采取放任的态度而引发。

（2）校方有过失的校园伤害事故。在校方有过错的校园伤害事故中，校方的过错以"过失"居多，而较少"故意"。因校方疏忽大意或过于自信引发的学校事故，校方负有教育、管理、保护上的过失责任。

一是因校舍或者学校附属设施安全隐患引发的伤害事故。根据相关报道，当前全国中小学危房1300万平方米，这成为重大安全隐患。校舍存在安全隐患，学校领导和其他直接责任人员又疏于管理，学生的人身安全就很容易受到侵害。

二是因教育教学设施安全隐患引发的伤害事故。学校运动器械、实验器材等教育教学设施因质量不合格或者年久失修存在隐患，也极易引发学生的人身伤害事故。

三是因学校对楼道、照明、取暖等设施管理过失引发的伤害。

四是因教师课堂管理过失引发的伤害事故。该类事故极易发生在体育、实验、劳动等课堂中，有时也会发生在文化课课堂中。

五是因学校在课间等学生自由活动时间管理过失引发的伤害事故。

六是因学校对组织的大型活动或户外活动管理过失引发的校园伤害事故。在学校组织的运动会、文艺演出等大型活动中，因组织管理不当，迎宾气球爆炸伤人、学生踩踏伤人等恶性伤害事故层出不穷；在学校组织的春游、秋游、参观等户外活动中，因组织管理不当，很容易出现翻车、翻船、坠崖等事故，有时还出现死伤几十人的特大伤亡事故。

七是因学校门卫安全、医疗卫生、食堂卫生等管理过失引发的伤害事故。需要注意的是，校方有过错的校园伤害事故容易在社会上引起较大的消极影响。对于该类事故，校方理应承担相应的刑事、行政和民事法律责任。校方有关责任人的刑事、行政和民事法律责任也都比较容易确定。当然，该类事故在实践中是完全可以防范和避免的。因此，应该深入研究校方有过错的学校事故，加强防范，努力营造一个安全、有序、健康、和谐的教育教学环境。

2. 学生及其监护人责任事故

学生及其监护人责任事故，是指校园伤害事故的发生，学校没有过错，而是学生自己的过失或过错，或者是其监护人没尽到监护责任而造成伤害，应当由自己承担法律责任的事故。

按照学生自身的情况，该类事故的发生原因大概有如下几种：

（1）斗殴，如学生之间互相打架，造成一方伤亡；

（2）自尊心强，心理承受能力差，如学生受到老师的批评后，自认为无脸见人而服毒自杀；

（3）学生体质特殊或者患有疾病，如学生在校就读期间突犯急病抢救无效死亡；

（4）安全意识不强，防范能力差，如学生违反学校规章制度，从事危险性行为或游戏造成的校园伤害事故等。此类事故的发生，大多源于受害人辨认和控制自己行为能力的欠缺、道德品质和心理素质的缺陷、安全防范意识的淡薄等因素。此类事故发生后，学校的教育教学秩序经常受到较大程度的冲击。对于这类事故，通过加强教育改革，加强对学生的思想道德教育、心理健康教育、安全教育等，可以在较大程度上予以防范。

3. 第三人责任事故

第三人责任事故，是指校园伤害事故的发生既不是由于学校的过错，也不是由于受害学生自身的过错行为所引起，应当由第三人承担法律责任的事故。其特点是加害人是学校以外的第三人，该第三人可以为学校内的其他未成年学生、教师，也可以为学校外的其他人。在目前发生的校园伤害案件中，该类案件最为普遍。

4. 受害人和第三人存在共同过错的责任事故

因受害人与第三人共同过错引发的校园伤害事故，即民法上所称的"混合过错"。此类事故在校园伤害事故中占较大比重。受害人与第三人应当根据过错大小，各自承担相应的法律责任。

二、女学生遭受校园生活危害的特征

校园事故一旦发生，后果不可预测。要防范校园事故的发生，减小校园事故的影响，就要了解校园危害的特征，及时有效地避免校园危害的发生。贾水库在校园安全及其特点分析中论述了校园生活危害的多样性、突发性、破坏性和敏感性。

（一）校园生活危害的多样性

校园是师生生活、学习和工作的地方，包含了人、事、地、物、组织等。

校园又是社会有机组成部分，而各个校园内人员年龄及素质层次有其差异性和多样性，这使各类学校所涉及的安全问题的种类也具有差异性和多样性。

（二）校园生活危害的突发性

校园安全事件的形成是在一个系统内，由系统内各个环节的安全隐患汇集叠加在一起，达到临界状态时才突然发生的。事件发生前有一个量的积累和叠加，最终演变为质的变化，最后以事件为契机而突发表现出来。事件之所以发生，往往由于某个隐患没有处置好，成了这种变化的导火索和突破口，至于这个导火索和突破口什么时候出现，以何种方式出现，出现之后其发展过程、趋势、实际规模以及具体时间和影响程度都难以完全预测和有效把握。特别是校园内突发公共安全事件，人们无法用常规性规则进行判断，一切似乎都瞬息万变。

（三）校园生活危害的破坏性

同社会其他公共安全事件的特点一样，校园安全事故同样具有严重的社会危害性，与社会公共安全事件相比，校园内人员密度大，学生自护能力弱，所以对学生自身的破坏和影响较大；特别是在大学校园内，安全事件处置不好，极易为社会上别有用心者和闲杂人员利用，客观上放大和加深危害性的范围和程度，使学校财产、声誉遭受重大损失。单一安全事件发生也可能引起其他矛盾共同爆发，形成"涟漪效应"，甚至带来政治影响。

（四）校园生活危害的敏感性

敏感性纯粹是校园安全事件所特有的，主要由校园本身的人员结构、层次素质、社会地位及社会影响所决定。在高等学校中，大学生政治嗅觉灵敏，思维活跃，对外联系广泛，具有现代信息沟通能力，校园内的安全问题处置不好，很可能成为社会网络热点问题。因此，校园安全事件受社会关注程度高，具有极强的敏感性。

第三节　女学生校园生活的具体防范与危机处理

针对不同的校园安全事故，适用不同的危机处理办法，我们要了解和明确女大学生校园事故发生的具体原因，并进行有效的防范。

一、校园求爱滋扰安全防范与危机处理

随着社会的发展和信息的传播，女大学生在衣着打扮上更具有自己鲜明的特色，为追求赏心悦目，女大学生在运动健身上会投入更多的精力。女大学生

在注重自己形象时也会吸引异性的注意，为减少校园求爱滋扰，女大学生应注意以下几方面内容：

（一）提高自己的甄别能力

女大学生要提高自己的甄别能力，具备最基本的自我防范能力。要消除贪小便宜的心理，不要随意接受异性的邀请与馈赠，应警惕与个人学习、工作不相符的奖励；对于总是探询个人隐私、过分迎合的人，甚至是目光和举止有异的男性，要引起警觉，避免与其单独相处；不要时间过晚地单独与异性老师相处，要保持应有的警惕性。女大学生要时刻提高警惕，防范危险发生，若放松警惕，一旦发生危险，将造成不可挽回的伤害。

（二）注意自己的衣着装扮

大学生要培养良好的穿搭习惯，注意衣着整洁、大方、合体。女大学生在日常生活中要避免穿露脐装、超短裙之类的服饰去人群拥挤或僻静的地方。对于一些不可避免需要接触的人，如发觉对方存在不良企图，要及时采取各种措施予以抗拒并寻求他人的帮助。女大学生在注意自己着装的同时，要增加一些有关防骚扰方面的知识，以维护自己的利益。

（三）遵守基本恋爱道德

在拒绝对方的要求时，要讲明道理，耐心说服。要尊重对方人格，不可嘲笑挖苦，更不能在别人面前揭露对方隐私。例如：不要公开对方追求你的情书，不要谈论对方曾经对你有过某种非礼行为，不要在公众场合嘲笑对方的缺点等等。在结束恋爱关系时，如果自己有不可推卸的责任，也应主动承担责任，并向对方表示歉意。如果是对方要结束恋爱关系，女生也要讲究文明礼貌，控制自己的行为，不纠缠滋扰。

（四）明确态度，自尊自爱

女学生如果并无谈恋爱的打算，对于追求者，应该明确拒绝；若曾经恋爱过的对象重新追求你，你要冷静地考虑一下有无重归于好的希望，如果没有，也要明确告诉对方，让对方打消念头。女学生应该知道，态度暧昧、模棱两可，对男方来说是一种成功的希望，这会使其增加幻想，因而也会带来更多的麻烦。女学生在作风上要稳重，在生活上要俭朴，不要刻意追求打扮，也不要在和男生的交往中贪小便宜，要钱要物，贪图享受，要尽量减少和避免财务上的纠纷。

（五）沟通冷静，正常相处

女大学生要处理好恋爱关系，在结束恋爱关系时，要心平气和，冷静地进行沟通和交流，尽量找一名亲近朋友相伴，避免双方因情绪不当、冲动行事造成伤害。结束恋爱关系后，不要在公众场合吐槽对方的缺点以及恋爱期间的糗事，要尊重对方。在学校学习和生活期间，女生仍然可以大方坦然地就班级工作事宜与其进行良好的沟通协作，双方可以在相互尊重的基础上成为朋友，正常相处。

（六）依靠组织解决困难

在通过心平气和和冷静的交谈之后仍然不能解决问题，对方依旧存在纠缠行为，或者报复行为时，要及时向老师和学校领导汇报，依靠组织进行妥善处理，防止发生意外事件，若仍不能解决，可以联系家长，通过家长的劝导及时纠正对方的不恰当行为。在通过学校和家长的处理后，如果事情还得不到妥善的解决，那就可以选择报警处理，维护自己的安全。

二、校园贷安全防范与危机处理

在大学生活中，学生面对的诱惑较多，女大学生开始注意自己的衣着打扮，这就不可避免地会导致学生之间相互攀比。学生课程较多，外出打工机会较少，家长给的生活费难以为继日常开支，在这种情况下，学生就会通过各种软件办理贷款来满足自身消费需求。大学生缺少贷款的相关知识，盲目贷款，选择贷款的同学绝大多数没有偿还的能力，他们最终误入歧途。

（一）正确认识校园贷

正确认识校园贷的内容、存在形式和校园贷给学生带来的伤害能有效减少学生校园贷行为的发生。

1. 校园贷的内容和存在形式

校园贷是指在校学生向正规金融机构或者其他借贷平台借钱的行为。其中对学生造成伤害的往往是其他借贷平台，这些平台通过"最快3分钟审核，隔天放款""只需提供学生证、身份证即可办理"等方便快捷的办理方式吸引大学生进行贷款。校园贷通常分为五种：一是专门针对大学生的分期购物平台，如趣分期，部分还提供较低额度的现金提现服务；二是P2P贷款平台，用于大学生助学和创业，如名校贷等；三是京东、淘宝等传统电商平台提供的信贷服务；四是消费金融公司；五是民间放贷机构和职业放贷人等。

2. 校园贷的危害

校园贷会诱导大学生产生错误的金钱观念，借贷平台通过宣传只需提供身份证、学生证等证件就可以在短时间内轻松得到数额不等的贷款，使学生认为金钱来得很容易，于是他们便开始大肆消费，分期付款更是刺激学生超前消费和过度消费。殊不知校园贷利滚利，不能按时偿还的借贷会在短时间内迅速增多，借贷的大学生为了能够早日偿还借贷，往往从事大量的兼职，这占用了大量的学习时间，甚至部分大学生逃课兼职，导致学业严重荒废。更有甚者，因学生无力偿还校园贷，放贷人还会恐吓、殴打、威胁学生甚至其父母和朋友，有的学生不堪压力失踪、跳楼。

（二）树立理性消费观

大学生要树立正确的消费观，不盲目攀比，避免过度消费和奢侈消费的行为，养成良好的消费习惯。学生应根据自身经济状况合理安排生活支出，量入为出、适度消费，减少情绪化消费、跟风消费。在生活当中要有计划地消费，如果自己安排不合理，可以让父母把每个学期的生活费按月发放，这样能有效帮助学生减少不必要的支出，若有特殊情况也可提前告知父母，本月多给予一些生活费用。除此之外，大学生要不断提高自己的自制力，遏制自己不合理的消费欲望，克服自己的虚荣心以及攀比心，理性消费。

（三）掌握借贷知识

掌握借贷知识，提高对不良借贷的防范意识。据《最高人民法院关于审理民间借贷案件适用法律若干问题的规定》第二十六条规定，借贷双方约定的利率未超过年利率24％，出借人请求借款人按照约定的利率支付利息的，人民法院应予支持。借贷双方约定的利率超过年利率36％，超过部分的利息约定无效。借款人请求出借人返还已支付的超过年利率36％部分的利息的，人民法院应予支持。当前社会借贷产品层出不穷，借贷利率不明，作为大学生，我们应主动了解和学习借贷知识，提高辨别合法借贷服务的能力，避免被表面假象误导从而陷入困境，谨防落入欺诈陷阱。

（四）强化自我意识

大学生要强化自我保护意识，维护自身权益。在学校，大学生应注意保护自己的个人信息，无论是身份证、学生证，还是支付宝、银行卡账户等信息都不能轻易透露给他人，哪怕是学校的熟人和宿舍里的好友，以免被有心人用作其他用途。在任何情况下都要谨慎充当担保人，更不要用自己的身份信息替他人贷款，否则要承担贷款连带责任或还款责任。学生离开父母进入大学学习，一定要提高对未知事物的警惕性，特别是涉及贷款方面的事情一定要给予重视，避免自己落入校园贷的漩涡。

（五）积极寻求帮助

进入大学学习，生活和学习费用会增加，学生如果入学困难可以寻求国家助学贷款的帮助，而不是采取民间借贷的方式。在生活中遇到困难，学生也应主动向学校寻求帮助。学校资助政策体系可以保障家庭经济困难的学生完成学业，如果面临经济困难，学生应向学校提出帮助诉求。学校还可以提供勤工俭学岗位，帮助学生度过困难。所以，不要轻易触碰"校园贷"，避免掉进"校园贷"风波，若不慎落入"校园贷"圈套，也需要及时向家长、老师寻求指导与帮助，而不是坐以待毙或采取极端方式自行解决，必要的情况下还可以依靠法律手段解决问题。

三、宿舍安全防范与危机处理

大学生宿舍安全问题一直是学校安全防范的重点工作，大学宿舍属于人员密集区域，一旦发生安全事故将直接威胁学生的生命和财产安全。要防范大学宿舍危险就要了解学生宿舍现阶段存在的问题，从而有针对性地进行防范。

（一）用电安全

女学生在校园生活中要提高安全用电意识，减少安全事故发生。

1. 校园用电存在的问题

女学生在校园生活中的用电安全问题包括违规使用电器、私拉电线、插板安全隐患、不按规范使用电器等。

（1）违规使用电器。随着网络购物的便捷，女大学生宿舍会违规使用一些电器，如：电卷发棒、电吹风、小型电锅、电热杯等。违规电器的使用会使用电线路起火，引起火灾，给学生的生活和学习带来影响。

（2）宿舍私拉电线。现阶段，随着手机、平板和电脑的普及，学生宿舍用电量也在急剧增加。在宿舍用电时，有的学生直接把插线板放在床铺上，有的学生会随手放在铁质框架上，还有学生的插线板在使用时直接悬空，这些情况极易产生用电危险，造成学生伤害事故。

（3）插板安全隐患。学生缺乏用电安全知识，不会选购插板也是宿舍用电存在的一大隐患。如今，市场上存在各种各样的插线板，其中一些缺少必需的3c标志和完整的最大额定电流和最大功率警告标志，这使其无法提醒大学生安全用电。同时国家标准规定：按使用要求安装和接线后，延长线插座所有带电部分应不可触及。但是，学生所网购的产品存在单极可插入插座的情况，即相当于用单个极片或者触针等东西触及带电部件，这存在严重的触电隐患和火灾隐患。①

（4）不按规范使用电器。女大学生在宿舍使用卷发棒和手机充电器等，在使用完毕后没有及时收好，电器仍保持着工作状态。例如，在充电但不使用的情况下，卷发器的温度可以达到 200—300 度，如果人不小心碰到，极易造成烫伤，若不及时切断电源，也会有不可预料的事情发生（火灾），造成损失。

2. 校园用电具体防范

要减少校园用电带来的危害，就要强化校园用电规范。学生要加强安全意

---

① 张元钦，姚灿，王升鸿等. 延长线插座质量安全问题分析［J］. 电子质量，2019（5）：7—11

识，减少违规电器的使用。

（1）学生要树立宿舍安全意识。大学生入校时应该认真学习、了解学校的各项规章制度，并注意学习一些有关宿舍安全保障的法律知识，增强法治意识。同时，学生要积极参加学校组织的安全教育讲座，学习全面的安全知识。比如每学期的安全培训，通过安全知识宣讲学习、安全手册发放学习、消防演练活动学习等，让每一名学生牢记安全知识，提高安全防范意识。

（2）学生要严格执行宿舍安全规定，严禁使用违规电器。在宿舍里，学生严禁私拉电线、乱接电源，严禁使用电卷发棒、电热杯、电热锅、热得快、电热毯、取暖器等学校明令禁止的电热器具，室内无人时要关闭所有的电器。学生要注意用电安全，在日常生活中养成良好的习惯。

最后，针对宿舍安全用电问题，学生需要配合学校的"学生公寓用电安全预案"。学校要形成一套完善的校园安全预防体系，切实保障广大学生的生命与财产安全，确保学生宿舍的正常生活秩序，确保学校的长治久安。

（二）防火安全

宿舍火灾发生的原因主要包括线路老化、学生私接乱接电源、使用大功率违规电器和吸烟、乱扔烟头。要做好宿舍的防火工作，学生要严守规章制度，不违反宿舍安全管理规定。

1. 宿舍防火注意事项

学生在宿舍要注意用电安全，做到不使用明火，并及时上报险情。

（1）不违章用电，不乱拉电线，不使用禁用电器。若发现火灾隐患，每个同学都有责任向学校报告；

（2）不使用蜡烛等明火照明用具；

（3）不在教室、宿舍以及公共场所吸烟，不乱丢烟头、火种；

（4）不在宿舍存放易燃易爆物品；

（5）不在宿舍擅自使用煤炉、液化炉、酒精炉等灶具；

（6）不使用电炉、"热得快"等大功率电器；

（7）不在楼道堆放杂物，不焚烧垃圾。

2. 火灾逃生自救

（1）遇火灾险情，要及时拨打"119"报警；

（2）火灾袭来时要迅速逃生，不要贪恋财物；

（3）平时就要了解火灾逃生路线；

（4）受到火势威胁时，要当机立断披上浸湿的衣物、被褥等向安全出口方向冲出去；

（5）穿过浓烟逃生时，要尽量使身体贴近地面，用湿毛巾捂住口鼻；

（6）身上着火，千万不要奔跑，可就地打滚或用厚重衣物压灭火苗；

（7）遇火灾不可乘坐电梯，要向安全出口方向逃生；

（8）室外着火，门已发烫时，千万不要开门，以防大火窜入室内，要用浸湿的被褥、衣物等堵塞门窗，并泼水降温；

（9）若所有逃生线路被大火封锁，要立即退回室内，用打手电筒、挥舞衣物、呼叫等方式向窗外发送求救信号，等待救援；

（10）千万不要盲目跳楼，可利用疏散楼梯、阳台、排水管等逃生，或把床单、被套撕成条状连成绳索，紧拴在窗框、铁栏杆等固定物上，顺绳滑下，或下到未着火的楼层脱离险境。

3. 灭火器的使用

常见的灭火器包括提式干粉式灭火器、泡沫灭火器、二氧化碳灭火器、手提式 1211 灭火器。学生要留心宿舍放置的是哪种灭火器，以便操作使用。

（1）提式干粉式灭火器：提取灭火器上下颠倒两次到灭火现场，拔掉保险栓，一手握住喷嘴对准火焰根部，一手按下压把即可。灭火时应一次扑弃，室外使用时应站在火源的上风口，由近及远，左右横扫，向前推进，不让火焰回窜。

（2）泡沫灭火器：泡沫灭火器的灭火液由硫酸铝、碳酸氢钠和甘草精组成。灭火时，将泡沫灭火器倒置，泡沫即可喷出，覆盖着火物而达到灭火目的。适用于扑灭桶装油品、管线、地面的火灾。不适用于扑灭电气设备和精密金属制品的火灾。

（3）二氧化碳灭火器：二氧化碳是一种不导电的气体，密度较空气大，在钢瓶内的高压下为液态。灭火时，只需扳动开关，二氧化碳即以气流状态喷射到着火物上，隔绝空气，使火焰熄灭。适用于精密仪器、电气设备以及油品化验室等场所的小面积火灾。二氧化碳由液态变为气态时，大量吸热，温度极低（可达到 −80 ℃），要避免冻伤。同时，二氧化碳虽然无毒，但是有窒息作用，应尽量避免吸入。

（4）手提式 1211 灭火器：先拔掉保险销，然后一手开启压把，另一手握喇叭喷桶的手柄，紧握开启压把即可喷出。（因为卤代烷对大气造成污染，并对人体有害，国家逐步限制使用。）

（三）财产安全

学生宿舍财产安全主要表现为防盗，要保障学生的财产安全就要了解校园盗窃容易发生的时间段，加强校园防范。

1. 什么时间容易被盗？

女学生了解财物容易被盗的时间，才能重点防范，保障财物安全。

（1）刚入学宿舍较乱时容易被盗；

（2）放假前容易被盗；

（3）同学们都去上课时容易被盗；

（4）夏秋季节，开门开窗易被盗；

（5）学校开大会、运动会、考试等时间，宿舍没人易被盗；

（6）学校组织大型活动时，外来人员剧增，发生盗窃的可能性会增加。

2. 如何进行防范?

要做好宿舍防盗工作，保护财产安全，同学们可以从以下几个方面入手：

（1）最后离开宿舍的同学，一定要认真检查，关好门窗，养成随手关门、锁门的习惯，以防盗窃犯罪人乘隙而入；

（2）离开宿舍时，要把自己贵重的物品锁在抽屉或者柜子里；

（3）不要在宿舍留有大量的现金，应及时把自己不用的现金存在卡里并保存好，不要轻易把银行卡密码告知他人；

（4）注意保管好自己的钥匙，不要轻易借给他人；

（5）不要把学生宿舍作为聚众的交际场所，来往人员繁杂，就容易发生各种"顺手牵羊"的案件；

（6）不要随意留宿外来人员，尤其是不知底细的人，学生不能只讲义气，不讲原则和纪律，若违反学校学生宿舍管理规定，随便留宿不知底细的人，就会造成不必要的损失，后悔莫及；

（7）对形迹可疑的陌生人要提高警惕，留心观察，如可疑人员在宿舍四处走动，窥测张望，要提高警惕，必要时要报告保卫处并拨打报警电话；

（8）晚上睡觉时，一定要关好门窗，不要将贵重物品放在靠窗的桌上或窗台上，当发现有人盗窃时，要立即发出警告，和宿舍成员一起制服盗窃者或将其赶走，并报告警卫处；

（9）放假前，要检查好门窗，锁好门窗，不要将贵重物品放于室内。

四、实习安全防范与危机处理

如今国家对职业教育越来越重视，在应用型、技术型本科院校和职业院校中，学生实习已经成为重要环节。学生初入工作岗位，进入社会，其安全问题也成为我们关注的重点，尤其是女大学生的实习安全问题。为防止实习期间学生发生安全事故，学生、学校和实习单位都要提高实习教育安全意识，采取有效措施确保学生安全。

（一）从学校和实习方获得安全知识

学生外出实习，可以从学校和实习方获得一些安全措施和知识，便于顺利完成实习任务，获得工作经验。

1. 从学校获得的实习安全措施和知识

学生离开学校去实习，为保证自身的权益和安全，一定要从学校学会的知识包括以下几个方面。

（1）由学校、企业、学生签订的三方协议，可以保证自身在实习期间的各种权益。

（2）积极参与学校组织的安全文明警示教育和消防安全知识讲座，提高自身安全意识，增强自我保护能力。

（3）强化自身意识形态和宗教安全工作，积极学习学校组织的意识形态、宗教工作、安全文明等领域宣传讲座，提高自身抵御外来宗教势力渗透的安全意识与防范能力，从思想上、行动上规范自身实习实践行为。

（4）积极配合学校建立"档案"，将自己的院级、班级、姓名以及实习单位上报辅导员和学校，避免联系不上，发生意外。

2. 从实习单位获得的实习安全措施和知识

实习单位和学校会联合形成安全检查制度，学生要服从实习单位领导和管理安排，做好实习工作。

（1）学生积极遵守实习单位落实的安全管理制度，明确自身责任，提高企业安全管理制度的执行力度。

（2）学生认真学习前辈的指导。单位会选择有责任心、有耐心的老员工对实习学生进行业务指导和管理，学生要虚心接受老员工的指导，接受岗位技能训练和安全教育。

（3）学生要积极并及时地与学校教师和岗位指导教师沟通，学校教师会和岗位指导教师形成联动，就实习学生存在的问题及时沟通。因此，学生自身要积极沟通，尽快适应实习工作和生活。

（二）学生自身要提升的认知

学生自身也要提高实习安全意识，自觉识别就业陷阱，遵守实习管理规定，了解职场规范。

1. 识别就业陷阱

（1）防止非法中介的诈骗。女学生在找工作时要防范非法中介的坑害。要看清中介是否有劳动部门颁发的《人力资源服务许可证》《营业执照》和《劳务派遣许可证》，了解其经营范围是否与执照相符（应看其执照正本），不要贪图便宜去小中介。

（2）确认用工单位的合法性。对于自己满意的工作，在正式工作之前一定要确认用工单位是否具备法人资格，是否具备工商管理部门颁发的营业执照，是否拥有固定的营业场所。如果没有合法的执照、固定的营业场所等，一定不要去工作。

（3）不轻易缴纳任何押金。当中介、用工单位以管理为名，收取一定数额的押金或保证金时，一定要谨慎，以防缴纳后被其以各种理由扣留，不予返还。如果确实要交，应将费用的性质、返还时间等方面明确写入劳动协议，以免被随意克扣，造成损失。

（4）防止陷入传销陷阱。初入社会实习的女学生要谨防朋友和同学的拉拢，误入传销组织，结果受人牵制、骑虎难下，最终只得白搭上一笔钱，身心受创。传销的套路是让应聘者以销售人员的名义上岗工作，结果公司却让应聘者去哄骗别人，有些同学在高回扣的诱惑之下，甚至不惜欺骗自己的同学、老师、亲戚和朋友。所以，通过同学或朋友介绍找工作的大学生也要提高警惕，注意维护自己的权益，防止陷入传销陷阱。

（5）不抵押任何证件。当用工单位要求以学生本人的有关证件做抵押时，一定要拒绝，谨防证件流失到不法分子手中，成为非法活动的工具。证件的复印件也要谨慎使用，在使用复印件时，要在复印件空白区域或者旁边写上用途，谨防用工单位非法使用，造成伤害。

（6）不到娱乐场所工作。娱乐场所鱼龙混杂，良莠不齐，常常有不法分子出没。女大学生要抵制金钱的诱惑，提高警惕，防止被诱骗至娱乐场所难以脱身，造成不可挽回的伤害。所以，女大学生要保障人身安全，尽量不要到酒吧、歌舞厅等一类的娱乐场所工作。

（7）签订劳务协议。有些中介、用工单位在学生工作结束时以各种理由克扣学生工资，侵害学生利益。大学生应在工作开始前与用工单位签订劳动协议，协议书一定要权责明确，如工资额度、发放时间、安全等关系到学生切身利益的方面一定要在协议中详细说明。

（8）女生尽量不落单。女大学生的自我保护和防范意识较差，在异性约见时不加考虑地赴约，殊不知危险已悄然降临，所以建议女大学生实习时不单独外出约见异性。女生也尽量不要在夜间单独工作，如果可以最好让伙伴陪同。

2. 遵守实习管理规定

为保证安全、顺利地完成实习，每一位同学都需要遵守实习管理规定，规范自身行为，避免给自身、学校和实习单位造成不可挽回的损失。

（1）要严格遵守国家的法律法规，不得从事任何危害国家和人民生命财产安全的活动。

（2）要增强安全防范的意识，提高自我保护的能力，明辨是非，学会拒绝无理要求，尤其是女大学生，要尽量避免下班时间和男领导、男同事单独相处。

（3）实习期间不要酗酒，避免饮酒过度发生意外，危害自身生命安全；不参与任何形式的赌博；不接触毒品；不参与封建迷信活动；禁止私相打架斗殴；不私自到江河湖海、水库、无人区等危险场所。遇到突发事件要及时报警，确保自身生命安全。

（4）要遵守实习单位的规章制度，服从实习单位的管理。认真履行实习单位的上下班工作制度，不要迟到、早退；不携带与工作无关的物品进入办公场所，不在公共场合抽烟、喧哗、打闹、吃零食等；未经实习指导老师的允许不得擅自动用单位工作设备，避免造成损失；严格遵守请假制度，如需请假，必须履行请假手续，经同意后方可离开，回来后要及时销假。

（5）不得擅自离开实习单位或居住地外出活动，如必须外出，要结伴而行，若不放心要告知指导老师及同住的其他同学外出事由、外出地点、外出要见的人、出行方式和必要的定位等。外出时女生要衣着得体，避免过分暴露，尽量穿运动鞋，便于出行。

（6）实习期间外出租房，一定要注意自身安全和财产安全，防火防盗。出入锁门，不要把贵重物品留在房间；夏季女生在房间里要随时关闭门窗，拉好窗帘，避免给自己带来麻烦。

（7）要自觉遵守交通规则，不酒后驾车、无证驾车；不乘坐"黑车"，要乘坐正规的交通出行工具，注意乘车安全；乘车时还要保管好自己的钱包和贵重物品，防止被盗；与陌生人交谈，不要将个人的任何信息，尤其是身份证信息、家庭住址、电话号码、QQ、微信、银行卡号及其密码等告知陌生人。

（8）在实习期间要注意保持通讯畅通，时刻与学校导员和实习指导老师联系，汇报实习情况。

（9）在实习期间要按学院的安排和要求，按时认真完成实习报告。

3. 了解实习中职场规范

女大学生终究要步入社会进行实习，初入职场的女生还需要了解如何应对实习工作中的人际交往和职场困境，以便更好地处理与同事之间的关系，保证自身的安全。

（1）工作中人际交往。"害人之心不可有，防人之心不可无"，与人交往要怀有一定的戒备心、警惕心，做到谨言慎行。在实习中要与同事以诚相待，但是不要随意"站队"，不在背后妄议别人，不随意参加别人家庭、朋友和孩子的讨论中，不随意给别人提意见，更不要找领导提意见，在工作中一定要多看、多听、多学、多做，不多言。在向老员工请教问题时，要保持谦虚和尊重，即使老员工在交流中可能出现耐心不足和批评教育，也要调整好自己的心态，努力适应工作，完成自己的工作任务；在取得一定的进步或成绩时，一定要向帮助过自己的同事和前辈表示感谢，自身要戒骄戒躁，兢兢业业，不断前进。

（2）应对职场困境。女生初入职场要具备一定的防范心理，外出应酬时，女生不宜过多饮酒，要保持清醒，避免失态；女生不要喝离开自己视线的饮品；女生要避免单独与男同事、男领导外出应酬，尽量与其他女同事一起，还要给朋友、女生要同事报备自己的行程，以防万一。当遇到同事存在骚扰行为时，要严肃拒绝其不合理行为，在工作期间可以告知自己的好朋友，尽量一起行动，同时下班后让自己的男朋友或家人来接，威慑对方。如果对方还不收敛，女生要在与对方接触时巧妙地使用录音和摄像工具，保留好证据，并用这些证据警告对方收敛行为。

参 考 文 献

[1] 张根田. 性骚扰与强奸防范手册 [M]. 北京：世界知识出版社，2015.

[2] 邓喜莲. 性骚扰及其法律规制法理研究 [M]. 北京：知识产权出版社，2019.

[3] 全国职业女性素质提升工程编审委员会. 学会保护自己：现代女性安全自我防范与应急处理 [M]. 北京：企业管理出版社，2016.

[4] 王横威. 大学生安全教育 [M]. 北京：人民邮电出版社，2017.

[5] 程学礼，郑国兵，赵燕云，等. 大学生被骗情况的调查 [J]. 科技资讯，2017，15 (9)：229—230.

[6] 叶卫树. 大学生盗窃犯罪的成因与对策：以浙江省某市五校近五年统计数据为例 [J]. 浙江工商职业技术学院学报，2015，14 (4)：78—82.

[7] 曹金璇，赵翔宇，裴沛，等. 电信网络诈骗安全教育知识读本（大学生版）[M]. 北京：中国书籍出版社，2018.

[8] 黄勇林. 大学生安全教育 [M]. 天津：天津大学出版社，2020.

[9] 王会强，刘竟成，张晓东. 大学生安全教育 [M]. 北京：化学工业出版社，2019.

[10] 周宗奎. 网络文化安全与大学生网络行为 [M]. 广州：世界图书出版社广东有限公司，2012.

[11] 付春胜. 婚恋情感指导手册 [M]. 北京：中国财富出版社，2020.

[12] 杨颖. 幸福的婚姻：如何在婚姻中长期相处 [M]. 成都：四川人民出版社，2019.

[13] 段鑫星，李文文，司莹雪. 恋爱心理必修课 [M]. 北京：人民邮电出版社，2019.

[14] 崔摄铭. 挽回爱情技巧：挽救消失的爱情 [M]. 北京：当代世界出版社，2018.

[15] 金苑. 遇到情感危机如何不乱方寸 [J]. 家庭之友（佳人），2014 (2)：54.

［16］本刊编辑部. 婚姻危机：该给情感一份怎样的善后［J］. 健康生活，2013（7）：4—9.

［17］师凤莲. 当前女大学生心理健康状况研究：基于山东某高校 1098 名女大学生的调查［J］. 齐鲁师范学院学报，2021，36（3）：19—27.

［18］边玉芳. 读懂孩子，走出焦虑［N］. 人民政协报，2020-12-23（11）.

［19］孙晓梅. 北京市妇女心理问题的研究与对策：以 60 名北京市妇女的心理健康调查为样本［J］. 中华女子学院学报，2016（6）：21—28.

［20］庞世清. 校园伤害事故的类型和预防［J］. 教学与管理，2008（9）：17—18.

［21］段宜学. 基于高职学生顶岗实习期间的安全管理模式分析［J］. 中外企业家，2010（10）：163.

［22］吴利东，张瑞峰. 高校校园伤害案件的侵权责任认定及其类型化分析［J］. 法制与社会，2015（5）：69—70.

［23］赵志辉. 校园伤害事故特点与预防［J］. 考试周刊，2016（85）：17.

［24］倪虹. 职校旅游管理专业精细化顶岗实习管理模式探究［J］. 管理观察，2017（33）：142—144.

［25］罗鹏. 关于高职院校学生顶岗实习存在的安全问题及对策研究［J］. 智库时代，2019（42）：55—56.

［26］王振兴. 当代大学生责任意识的缺失与培养：以宿舍违章用电为例［J］. 教育现代化，2019，6（19）：213—215.

［27］齐元虎. 高职高专学生顶岗实习安全管理模式探究［J］. 科学咨询，2020（36）：112.

［28］陈艳飞. 新时期下高职院校学生在职业实习中的安全教育管理［J］. 职业教育，2020（18）：125—126.

［29］张西珠，刘廷廷，张一航. 大学生宿舍的用电安全性分析及管理方案［J］. 科技经济导刊，2020，28（23）：195—196.